2023年度江西省高校人文社会科学研究项目"'双碳'目标下长江经济带碳排放的时空演变特征及驱动因素研究"（JJ23222）

2021年度国家自然科学基金面上项目"环境规制协同驱动跨区域产业链企业合作减排机制与效应研究"（72174080）

南昌航空大学博士科研启动金项目"空间分异与空间溢出视角下环境规制对工业污染排放的影响机理与效应研究"（EA202309224）

2023年度南昌市社会科学规划项目"'双碳'目标下南昌市碳排放效率动态演进与收敛特征研究"（YJ202313）

经管文库·经济类

前沿·学术·经典

环境规制对工业污染排放的
影响效应研究

RESEARCH ON THE IMPACT OF
ENVIRONMENTAL REGULATIONS ON
INDUSTRIAL POLLUTION EMISSIONS

陈华脉 著

U0268369

经济管理出版社

ECONOMY & MANAGEMENT PUBLISHING HOUSE

图书在版编目（CIP）数据

环境规制对工业污染排放的影响效应研究 ／ 陈华脉

著． -- 北京：经济管理出版社，2024． -- ISBN 978-7

-5096-9765-8

Ⅰ．X7

中国国家版本馆 CIP 数据核字第 2024XE9055 号

组稿编辑：王　洋
责任编辑：董杉珊
责任印制：许　艳
责任校对：王淑卿

出版发行：经济管理出版社
　　　　　（北京市海淀区北蜂窝 8 号中雅大厦 A 座 11 层　100038）
网　　　址：www. E-mp. com. cn
电　　　话：（010）51915602
印　　　刷：唐山昊达印刷有限公司
经　　　销：新华书店
开　　　本：720mm×1000mm/16
印　　　张：13.25
字　　　数：215 千字
版　　　次：2024 年 8 月第 1 版　　2024 年 8 月第 1 次印刷
书　　　号：ISBN 978-7-5096-9765-8
定　　　价：98.00 元

前　言

改革开放以来，我国工业化快速推进，已经建成较为完整的工业化体系，在市场化改革和对外开放的强劲拉动下，工业化发展成就举世瞩目，已连续多年保持世界第一工业大国的地位，诸多工业产品的产量和产值规模世界领先，各种物美价廉的商品令人目不暇接，极大地满足了国内市场需求。但随着工业化的快速发展，我国的环境污染也日益严重，工业污染是环境污染的第一大源头，2021年我国工业生产总值45万亿元，工业能源消费总量达34.06亿吨标准煤，约占总能源消费量的65%；工业"三废"排放居高不下，工业废水排放达758.5亿吨，工业废气排放达3373.08万吨，工业固体污染物排放达36.8万吨。工业污染已成为威胁居民健康、经济发展和社会稳定的重要因素之一。

由于我国各地工业发展不均衡，地方政府"GDP锦标赛"和环境治理的差异造成环境规制强度的地区差异，不可避免地产生了区际污染转移。区际污染转移反映了空间维度的环境冲突、工业污染的空间分异及环境规制的空间溢出效应。根据地理学第一定律与"污染避难所"假说，环境规制强度的区域差异导致污染产业向环境规制水平弱的地区转移，一些不发达地区可能沦为"污染避难所"。因此，在区际污染转移和污染治理的过程中，如何根据各地区的工业污染分布差异和特点，利用环境规制的空间溢出正外部性，在环境治理的过程中积极地进行政策干预，实施环境有效治理，避免我国欠发达地区在加速工业化进程中走上发达经济体的"先污染后治理"的老路，推动环境规制政策的精准实施与区域经济协调发展，具有重要的理论意义和现实意义。

本书以"污染避难所"假说、波特假说、环境库兹涅茨曲线理论、空间计量经济学理论为基础，首先，对环境规制与工业污染的时空演变进行了系统的分析，探讨了环境规制与工业污染的时空演化特征；其次，通过探讨环境规制的 σ-收敛、绝对 β-收敛、条件 β-收敛，检验了环境规制的空间收敛性；再次，应用地理探测器模型和时空地理加权回归模型（GTWR 模型）分析了工业污染的空间分异特征，应用结构方程模型（SEM 模型）分析了环境规制对工业污染的空间溢出机理；复次，考虑到工业污染具有较强的空间溢出效应，应用空间杜宾模型（SDM 模型）探讨了环境规制对工业污染的空间溢出效应；最后，以低碳城市试点建设政策为例，应用空间双重差分模型，检验了环境规制对工业污染治理的减碳效应。本书的主要研究工作和结论如下：

（1）**环境规制强度与工业污染的重心逐步错开。**以环境污染治理设备运行费用数据测算环境规制强度，利用"纵横向"拉开档次法综合评估工业污染指数，并对环境规制强度与污染之间进行相关性检验，最终得出结论为环境规制力度对污染指数均表现出高度空间正相关。利用"冷点—热点"分析可以看出，2004—2019 年，环境规制热点地区与次热点地区向华东、华中、华北地区集聚，而工业污染指数呈现发散趋势，工业污染次热点地区已越过胡焕庸线，工业污染热点地区已由河南、山西、河北等地向西北、东南地区转移。由标准差椭圆模型分析可知，2004 年，环境规制强度与工业污染指数的标准差椭圆分布中心基本重合，总体位于河南中心位置；到 2019 年，环境规制强度整体向东南方向迁移28.342 公里，工业污染向西迁移41.812 公里，中心逐步错开。

（2）**环境规制强度地区差异逐渐缩小并趋于收敛。**基于地方政府合作与竞争的双重视角，本书提出了环境规制强度将趋于收敛的理论假说，并运用 Dagum 基尼系数测算环境规制强度的地区差异，研究表明，环境规制强度的地区差异逐渐缩小。总体差异的基尼系数由 2004 年的 0.4243 降至 2019 年的 0.3277；区域内部差异由大变小的顺序是华东、东北、西北、华北、西南、华中、华南；差异来源贡献度最高的是区域间差距，其次是超变密度，最后是区域内差异。收敛性分析表明，地区环境规制强度呈现 σ-收敛—绝对 β-收敛—条件 β-收敛趋势。从全国层面来看，β-收敛的收敛速度是 0.72%；从分区域层面来看，华东地区绝对 β-收敛速度最快，其次是华北、华中、东北、西北、西南、华南，收敛速度分别是 1.41%、1.25%、0.76%、0.42%、0.39%、0.38%、0.26%。全国条件 β-收敛速度为 1.33%，分区域由高至低依次是华东、华北、东北、华中、西北、西南、华南，收敛速度分别是 1.770%、1.625%、1.512%、0.880%、0.740%、0.710%、0.410%。由此可知，华东地区环境规制强度收敛最快，华南地区最慢。条件 β-收敛中，经济发展水平、产业结构、能源效率的系数显著为负，说明经济发展水平、能源效率的提升与产业结构的优化促进了环境规制的收敛；人口增长与外商直接投资水平的系数为正，说明人口增长与外商直接投资水平的增加抑制了环境规制的收敛。

（3）**工业污染地区差异逐渐扩大，空间分异现象明显**。通过对工业污染区域异质性的理论分析，运用地理探测器与地理加权回归模型分析工业污染的分异机理与影响因素，结果表明，工业污染的地区差异是由气候、生态、经济规模、对外开放程度、人口规模、交通规模及技术水平等因素共同驱动的，与地形、经济结构关联不明显。从地理探测器 11 个显著指标中选取自然环境系统中的年均降水量、经济系统中的人均 GDP、环境系统中的人口密度，加上环境规制强度，利用 GTWR 模型分析工业污染时空分异影响因素，结果表明，环境规制对工业污染均呈现负相关，即环境规制对工业污染具有抑制效应。负相关较大的省份主要分布在华北、华东等；东北、西北地区与西南地区的云南、贵州、重庆等地，环境规制对工业污染的作用较小。年均降水量对工业污染的负向作用地区主要集中在华北、西北、华中等地区，正向作用地区主要集中在西南、华南与东北沿海地区。人均 GDP 对工业污染的负向作用主要在经济相对发达的北京、上海、江苏等地，此类地区一般已经越过环境库兹涅茨曲线拐点，在拐点的右边（即步入经济发展和环境治理良好发展阶段）；而西北、西南、华中等地区为正向影响。因此，环境规制对工业污染减排的空间作用也呈现异质性。

（4）**环境规制对工业污染具有空间溢出效应**。环境规制不仅对本地的工业污染具有抑制作用，还对邻地的工业污染具有抑制作用。本书通过构建空间杜宾模型检验环境规制对工业污染的空间溢出效应，结果表明，环境规制对工业污染具有明显的空间溢出效应，在距离上呈现为倒"U"形：在150公里范围内环境规制对工业污染的溢出具有显著的抑制作用，抑制作用随距离衰减；由于环境规制对污染企业具有"挤出效应"，在150公里以外环境规制的作用发生逆转，150~450公里为显著的正效应；450公里以外环境规制的溢出效应则不显著。控制变量中，人口规模、产业结构、城市交通水平均对工业污染的溢出效应呈现正相关。其中，人口规模仅对本地的工业污染具有溢出效应，对邻地的溢出效应不显著；产业结构对本地工业污染以及50公里内的邻地的溢出效应显著；城市交通在本地以及100公里内的溢出效应显著。本地的经济发展水平、居民收入与工业规模则对本地、邻地工业污染的溢出效应均不显著。

（5）有效的环境规制政策能够显著抑制工业污染排放。通过低碳城市试点政策表征环境规制政策，并应用空间双重差分模型检验低碳城市试点政策抑制工业污染排放的效应。实证结果显示，低碳城市试点政策的实施可以显著改善试点城市的工业污染排放水平。对试点城市工业污染排放水平进行机制检验，结果表明，低碳城市试点政策是通过创新效应、产业结构效应与能源消耗效应三个方面降低工业污染排放，其中技术创新效应作用最强，其次是产业结构效应和能源消耗效应。通过异质性检验表明，低碳城市试点政策的实施对试点城市工业污染排放表现出显著的异质性。低碳城市试点政策的工业污染减排效应在资源型城市、内陆省份城市、特大城市与大型城市更为显著，在非资源型城市、沿海省份城市、中型城市与小型城市不显著。

目　录

1 绪论 ……………………………………………………………… 1

　1.1 选题背景与问题提出 …………………………………………… 1

　1.2 研究思路、研究目的与研究意义 ……………………………… 3

　　1.2.1 研究思路 ………………………………………………… 3

　　1.2.2 研究目的 ………………………………………………… 4

　　1.2.3 研究意义 ………………………………………………… 5

　1.3 研究内容、研究方法与技术路线 ……………………………… 7

　　1.3.1 研究内容 ………………………………………………… 7

　　1.3.2 研究方法 ………………………………………………… 10

　　1.3.3 技术路线 ………………………………………………… 10

　1.4 主要创新点 ……………………………………………………… 10

2 理论基础与文献综述 …………………………………………… 14

　2.1 概念界定 ………………………………………………………… 14

　　2.1.1 环境规制概念界定 ……………………………………… 14

　　2.1.2 工业污染概念界定 ……………………………………… 16

　　2.1.3 污染转移概念界定 ……………………………………… 16

2.2　理论基础 ·· 17

2.2.1　"污染避难所"假说理论 ························· 17

2.2.2　波特假说理论 ······································· 19

2.2.3　空间计量经济学理论 ····························· 20

2.3　研究现状与述评 ·· 23

2.3.1　环境规制强度的测度研究 ······················ 23

2.3.2　工业污染排放的测度研究 ······················ 28

2.3.3　污染物空间分异与环境规制收敛研究 ········· 29

2.3.4　环境规制对工业污染排放的影响机制研究 ····· 32

2.3.5　环境规制对工业污染排放的影响效应研究 ····· 36

2.3.6　环境规制政策的空间效应检验研究 ············ 37

2.3.7　研究述评 ··· 39

3　环境规制与工业污染的时空演变及特征事实 ··········· 41

3.1　环境规制与工业污染的测度 ·························· 41

3.1.1　研究区概况与数据处理 ·························· 41

3.1.2　环境规制的测度与现状 ·························· 42

3.1.3　工业污染的测算与现状 ·························· 46

3.2　环境规制与工业污染的空间相关性分析 ············ 51

3.2.1　环境规制的空间相关性检验 ···················· 51

3.2.2　工业污染的空间相关性检验 ···················· 56

3.3　环境规制与工业污染的时空演变特征 ··············· 58

3.3.1　冷点—热点分析法 ································ 59

3.3.2　环境规制冷点—热点地理分布 ················· 59

3.3.3　工业污染冷点—热点地理分布 ················· 61

3.3.4　环境规制与工业污染的重心迁移 ·············· 64

3.4　环境规制与工业污染的空间特征事实 ··············· 68

3.4.1　环境规制的空间分异分析 ·················· 68

3.4.2　工业污染的空间分异分析 ·················· 76

3.5　本章小结 ·· 84

4　环境规制对工业污染空间影响的理论模型与机理 ········· 86

4.1　环境规制的空间收敛假说与检验 ················ 86

4.1.1　环境规制的收敛假说 ······················ 86

4.1.2　收敛性理论与模型 ························ 92

4.1.3　环境规制的 σ-收敛 ······················ 94

4.1.4　环境规制的绝对 β-收敛 ·················· 95

4.1.5　环境规制的条件 β-收敛 ·················· 96

4.2　环境规制对工业污染空间分异的影响机制分析 ··· 100

4.2.1　基本假设 ································ 100

4.2.2　企业降污减排成本分析 ·················· 101

4.2.3　环境规制下企业收益分析 ················ 103

4.3　环境规制对工业污染空间溢出的影响机制分析 ····· 105

4.3.1　理论机制 ································ 105

4.3.2　因素识别模型 ···························· 108

4.3.3　因素作用路径分析 ························ 110

4.4　本章小结 ·· 112

5　基于 GTWR 模型环境规制对工业污染空间分异影响效应分析 ········· 114

5.1　工业污染空间分异驱动因子识别 ················ 114

5.1.1　地理探测器原理 ·························· 114

5.1.2　影响因素指标构建 ························ 115

5.1.3　因素驱动机理探测结果 ·················· 116

5.2　GTWR 模型研究设计 ···························· 119

5.2.1 GTWR 模型构建 ·· 119

5.2.2 数据检验 ·· 121

5.3 GTWR 模型回归估计结果分析 ······························ 122

5.3.1 环境规制强度对工业污染时空分异的影响 ········· 123

5.3.2 降水量对工业污染时空分异的影响 ·················· 124

5.3.3 经济发展对工业污染时空分异的影响 ·············· 125

5.3.4 人口规模对工业污染时空分异的影响 ·············· 126

5.4 本章小结 ·· 127

6 基于 SDM 模型环境规制对工业污染的空间溢出效应分析 ········ 129

6.1 环境规制对工业污染的本地—邻地效应分析 ············ 129

6.1.1 本地效应分析 ·· 129

6.1.2 邻地效应分析 ·· 131

6.1.3 环境规制空间溢出效应假说的提出 ················· 132

6.2 空间杜宾模型研究设计 ·· 133

6.2.1 样本选择与数据说明 ······································ 133

6.2.2 变量说明与描述性统计 ··································· 134

6.2.3 模型构建 ·· 136

6.2.4 模型检验 ·· 137

6.3 实证结果分析 ·· 138

6.4 稳健性检验 ·· 141

6.5 本章小结 ·· 142

7 低碳城市试点政策对工业污染的时空效应检验 ··············· 144

7.1 政策背景与理论假设 ··· 144

7.1.1 低碳城市试点政策的背景 ······························ 144

7.1.2 低碳城市试点政策影响工业污染的理论机制 ······ 145

7.1.3 低碳城市试点政策对工业污染的影响假说 ……… 148

7.2 空间双重差分研究设计 ……………………… 148

7.2.1 基准模型设定 ……………………………… 148

7.2.2 变量选取 …………………………………… 149

7.2.3 数据说明 …………………………………… 151

7.3 实证结果分析及相关检验 …………………… 152

7.3.1 平行趋势检验 ……………………………… 152

7.3.2 基准回归结果分析 ………………………… 153

7.3.3 异质性分析 ………………………………… 154

7.3.4 PSM-DID 检验 ……………………………… 157

7.4 进一步讨论 …………………………………… 159

7.4.1 技术创新效应 ……………………………… 159

7.4.2 产业结构效应 ……………………………… 160

7.4.3 能源消耗效应 ……………………………… 160

7.4.4 机制检验结果 ……………………………… 161

7.5 本章小结 ……………………………………… 162

8 研究结论与政策建议 ……………………………… 164

8.1 研究结论 ……………………………………… 164

8.2 政策建议 ……………………………………… 168

8.2.1 调整环境规制实施的重心，因地制宜推出不同的
环境规制政策 ……………………………… 168

8.2.2 提高环境规制的行业标准与监管力度，精准识别
"隐性" 污染产业 …………………………… 170

8.2.3 建立区域合作协调机制，实现工业污染减排联防联控 …… 171

8.2.4 充分把握空间溢出效应，发挥环境规制邻地效应，
引导工业污染减排 ………………………… 172

8.2.5 精准布局低碳城市试点政策，逐步面向全国推广 ………… 173

8.3 研究不足与展望 …………………………………………… 174

参考文献 ………………………………………………………… 175

1 绪论

近年来，随着世界环境组织（World Environment Organization）对碳排放问题的日益重视，我国于 2020 年在联合国大会上提出了"双碳"目标（2030 年前"碳达峰"、2060 年前"碳中和"），这既体现了我国参与引领全球治理体系的大国担当，又凸显了我国在未来将要长期开展的重大战略部署方向。2020 年我国的碳排放总量达到 98.99 亿吨，仍位居世界第一，占世界碳排放的比重也提升至 31%，是世界主要国家中碳排放份额仍在增长的国家。如果放任环境过度恶化，环境改善的拐点可能永远不会来临（Song et al.，2008）。工业污染是环境污染与碳排放（工业碳排放占比达 70%）的主要污染源，所以要想改善环境，控制碳排放量，就要对工业污染排放量与排放规格加以限制，制定有针对性的环境政策来进行防控和治理，是环境治理中的重要抓手。

1.1 选题背景与问题提出

良好生态环境是人类生存与健康的基础。纵观人类社会发展史，自工业革命以来，生产力发展突飞猛进。现代化工业产业发展作为我国经济发展的重要引擎，对促进经济增长、丰富物质文明建设具有不可估量的作用。可是，毋庸讳言，工业化进程在给人类带来丰裕的物质享受的同时，资源消耗巨大、环境污染日益严重，也使我们取得的经济成就大打折扣，并日益威胁人类社会的可持续发展。改善生态环境、减少工业污染排放、为我国居民提供健康生活的环境是我国政府的本职工作。为应对经济发展与环境污染的冲突，我国政府一直有所行动。2020 年 10 月 29 日，中国共产党第十九届中央委员会第五次全体会议提出，深入实施可持续发展战略，完善生态文明领域统筹协调机制，构建生态文明体系，促进经济社会发展全面绿色转型，建设人与自然和谐共生的现代化；要加快推动绿色低碳发展，持续改善环境质量，提升生态系统的质量和稳定性，全面提高资源利用效率。与此同时，中共中央办公厅、国务院办公厅与生态环境部相继在十九届五中全会后出台了《关于加强生态保护监管工作的意见》等一系列相关政策，并在 2021 年 1 月 8 日对生态环境规章和规范性文件提出了部分新增与修改内容。其中《关于加强生态保护监管工作的意见》提出要完善生态监测和评估体系、切实加强生态保护重点领域监管、加大生态破坏问题的监督和查处力度、深入推进生态文明示范建设。2021 年我国提出的"十四五"规划中，提出要打好污染防治攻坚战，建立健全环境治理体系，做好在工业、建筑等领域的节能减排措施；并指出，生态文明建设实现新进步，国土空间开发保护格局得到优化，生产生活方式绿色转型成效显著，能源资源配置更加合理、利用效率大幅提高，单位国内生产总值能源消耗和二氧化碳排放分别降低 13.5%、18%，主要污染物排放总量持续减少，森林覆盖率提高到 24.1%，生态环境持续改善，生态安全屏障更加牢固，城乡人居环境明显改善。

可以看出，我国政府为污染防治与生态文明建设付出诸多努力，环境质量总体向好但形势依然严峻。2021 年，我国生态环境部出台的《2020 中国生态环境状况公报》显示：全国 337 个地级及以上城市平均优良天数比例为 87.0%，同比上升 5 个百分点。202 个城市环境空气质量达标，占全部地级及以上城市数的59.9%，同比增加 45 个。PM2.5 年均浓度为 33 微克/立方米，同比下降 8.3%；PM10 年均浓度为 56 微克/立方米，同比下降 11.1%。从环境空气质量综合指数评价来看，空气质量相对较差的城市主要集中在沈阳、石家庄、太原、唐山、邯郸、临汾、淄博、邢台、鹤壁、焦作等工业城市。从污染物排放源来看，工业来源占比最高，其中工业园区污水排放的治理已成为生态建设的重点任务，特别是长江经济带的工业集聚加剧了工业污水的污染，例如，武汉沙湖的有机物、酚和汞的平均值都超标，重金属最大值超标 130 倍；南京玄武湖中铜、锌、铬等多项指标超标，已对长江水系生态体系造成诸多不可逆的破坏。

由此可见，我国工业污染的形势依旧严峻，工业污染的治理任重而道远。需要认清的是，无论是从经济总量、人口还是疆域来看，我国都是一个大国。各地区经济体量、工业基础、自然条件都具有很大的差异性，传统的统筹治理、地方各自为政的治理模式或许已不能解决现有的污染问题。正是基于以上现实背景和国家发展战略，本书考虑将传统环境经济学与空间经济学相结合，从空间分异与空间溢出视角，深入解析环境规制和工业污染的空间分布规律、工业污染空间分异的影响因素及贡献，深层次剖析环境规制对工业污染的影响机制与影响效应，以期为我国的工业污染跨区域联合治理和防控提供政策参考和经验借鉴。

1.2　研究思路、研究目的与研究意义

1.2.1　研究思路

本书的总体研究思路是"提出问题→文献综述→特征事实→理论机理→实证分析→案例研究→对策建议"。具体如下：①本书在研究背景的基础上引入研究的主题，提出研究的问题。此部分是本书的起始，通过研究背景引入研究的主题。②界定相关研究主题的概念，剖析相关的理论基础，梳理相关研究文献。此部分是本书的理论支撑，通过梳理相关文献探索研究的不足。③通过可视化分析明确了我国环境规制强度与工业污染排放时空错位的特征事实。此部分是为了揭

示环境规制与工业污染的现状,揭示环境规制空间分异系数缩小、工业污染空间分异系数扩大的特征事实。④基于环境规制与工业污染排放的时空错位现象,建立环境规制作用机制的数理模型,以分析环境规制影响工业污染空间分异的机理;构建 SEM 模型,揭示环境规制对工业污染空间溢出的机理。此部分为"理论透视",为后文的实证分析提供理论支撑。⑤结合前文的理论分析,探索环境规制对工业污染空间分异与空间溢出的影响效应。此部分为实证检验,是依据前文研究脉络的深化,即通过 GTWR 模型揭示环境规制对工业污染空间分异的影响程度;通过 SDM 模型解析环境规制对工业污染的直接效应与间接效应。⑥基于上述研究结果,以及低碳城市试点政策,实证检验了环境规制政策实施的有效性。此部分为案例研究,是前文的延续与拓展。将环境规制落在现实政策中,检验环境规制政策剥离空间效应后的工业污染减排效果。⑦基于上述研究提出本书的政策建议。

1.2.2 研究目的

环境规制对工业污染的空间影响既是一个值得探索的理论问题,又是一个复杂的现实问题。在环境经济学领域中,环境规制的工业污染减排理论处于完善阶段,研究方法和思路仍在不断增加和拓展,是环保组织、工业企业与学者们都需要重视的问题。本书的研究将集中于"环境规制与污染的时空演变—空间分异特征—环境规制对工业污染的空间分异影响与空间溢出影响机理—环境规制对工业污染的空间分异效应—环境规制对工业污染的空间溢出效应—环境政策时空效应检验"的研究思路,以此来制定相应的研究目标,具体如下:

(1)解析环境规制与工业污染现状,测算环境规制强度与工业污染程度,揭示环境规制与工业污染的时空演变规律,并分析各地区环境规制与工业污染在空间分布上的差异。

(2)分析环境规制的收敛性问题,研究环境规制的 σ-收敛、绝对 β-收敛和条件 β-收敛。因为如果环境规制具有收敛性,则可以进一步阻止工业污染从环境规制低的地区溢出到环境规制高的地区。

（3）利用 Dagum 基尼系数、地理探测器、时空地理加权回归，揭示环境规制与工业污染的时空分异机理及决定因素，并从空间视角下检验环境规制对工业污染的作用。

（4）利用 SEM 模型进一步揭示环境规制在工业污染空间溢出中的作用机理，探析环境规制在污染转移中扮演的角色；利用空间杜宾模型（SDM）、工具变量（IV）等方法分析环境规制对工业污染的空间溢出效应。

（5）从时间和空间两个维度检验环境规制工具实施的空间效应，利用空间双重差分模型（SDID）检验低碳城市试点政策的实施效果；最后，基于上述分析，给出相应的政策建议。

1.2.3　研究意义

1.2.3.1　理论意义

（1）健全了环境规制工业污染减排机理的理论研究。通过提出环境规制强度的收敛理论、工业污染时空分异的理论机理，厘清环境规制对工业污染本地与邻地的作用机理、低碳城市试点建设对工业污染的传导机制等，丰富了环境规制与工业污染的理论研究体系。

（2）丰富了环境规制、工业污染的空间研究内容。本书通过对环境规制、工业污染进行系统全面的空间分布演变规律研究，应用地理探测器、时空地理加权模型分析环境规制对工业污染空间分异的影响效应，应用空间杜宾模型研究环境规制对工业污染的空间溢出效应，应用空间双重差分模型分析了环境政策对工业污染的减排效应。上述研究将丰富环境规制对工业污染空间影响的研究内容。

（3）促进了空间计量经济学在生态环境领域的应用。本书将可视化分析、空间统计与空间计量应用于环境经济领域，拓宽了环境经济学的研究路径，丰富了环境经济学的研究方法，也为环境经济学的实际应用提供了依据。同时，本书进一步推动了环境经济学成为一门交叉领域学科。

1.2.3.2 现实意义

（1）研究环境规制对本地与邻地工业污染的影响机制可以更好地帮助政府部门判断环境规制方法的最终效果，有利于后续制定相关的配套政策，辅助政策的更新和调整。从影响机制的角度看，对工业污染的传导途径展开实证分析，有助于分析控制变量的传导效应是否得以发挥；从宏观角度看，有助于地方政府对前阶段的工作成果进行全面客观的评估，以及制定、规划相应的政策，更有利于其后续制定产业转移、招商引资、补贴等诸多政策，由此可更好地防范由环境规制带来的经济发展减缓，也可以明晰环境规制的邻地效应，避免"污染避难所"的出现，促使工业生态治理效率得到有效提高。

（2）从空间效应的角度实证考察环境规制对工业污染的影响，可更好地指导地方政府因地制宜，根据城市不同区位的条件来调整环境规制的方法，统筹考量政府开展的环境政策对工业污染的控制程度，分析空间溢出效应。对工业生态与环境规制二者之间的联系程度展开深入研究，有助于总结在环境规制的大背景下地方政府的行为动机和模式，为后续人们从政府视角来研究环境规制的策略提供了基础。结合建立空间效应的计量模型研究，我们可以由此来帮助政府更好地控制环境规制强度，避免陷入环境规制方法和观念的误区。长期以来，政府考核都以经济发展指标作为重要参考依据，环境规制对于经济发展有着较大的负面影响，导致其长期处于逐底竞争状态，而分析工业与环境规制的关系也为后续政府制定政策提供了思路。

（3）通过分析低碳试点城市政策对工业污染的实际影响，从国家战略角度检验了当前环境规制政策实施的有效性，有利于指导地方政府在环境规制的制定中选择恰当的规制工具；还可以从现实层面准确把握环境规制政策对工业污染的治理效果，由此可尽可能降低环境规制政策对工业生产的多方面影响。

1.3 研究内容、研究方法与技术路线

1.3.1 研究内容

本书结合最终的研究目的，安排了如下研究内容：

第1章为绪论。该部分内容将针对经济发展与工业污染两个重要议题，提出本书的研究意义与目的，随后列举本书的研究思路与内容，总结出本书的技术路线图，最后指出了本书的创新点。

第2章为理论基础与文献综述。该章首先解析了环境规制、工业污染与污染转移的概念；然后剖析了环境经济学与空间计量经济学的相关理论基础；最后梳理了环境规制与工业污染相关研究，并对研究综述进行了简要评述。

第3章为环境规制与工业污染的时空演变及特征事实。首先，该章从定量与综合评价的角度，测算了环境规制强度与工业污染指数，运用全局 Moran's I 指数与局部 Moran's I 指数检验了环境规制强度与工业污染的空间相关性；随后，根据冷点—热点分析与标准差椭圆分析，得出环境规制与工业污染的空间特征演变；最后，以环境规制强度与工业污染指数的测算结论为事实依据，运用 Dagum 基尼系数及其分解，将全国30个省级行政区划分为七大区域，测算了环境规制与工业污染的总体差异、区域内差异与区域间差异。该章是本书的第一个主体章节，主要为剖析环境规制与工业污染的特征事实，为后文的理论分析与实证分析提供事实依据。

第4章为环境规制对工业污染空间影响的理论模型与机理。该章总结了污染与环境规制对工业污染空间影响的理论机制。首先，从地方政府合作与竞争两个角度，基于区域环境协同治理的视角与排污税博弈竞争的视角，提出环境规制强

度趋于收敛的假说；并检验了环境规制强度的 σ-收敛、β-收敛。其次，在理论机理方面：①通过构建环境规制作用机理的数理模型，探索了环境规制对工业污染空间分异的作用机制；②构建了三种环境规制工具对工业污染空间溢出影响的理论框架，并借助 SEM 模型对空间溢出的影响进行了参数估计。该章是本书的第二个主体章节，致力于分析环境规制强度收敛问题，研究工业污染与环境规制二者之间的互相影响机制与空间分异机理及空间溢出机理。

第 5 章为基于 GTWR 模型环境规制对工业污染空间分异影响效应分析。该章利用地理探测器模型探索了导致工业污染空间分异的驱动因子；建立 GTWR 模型，将地理探测器所捕获的驱动因子与环境规制列为分析参数，解析其对污染空间分异的影响。该章作为本书第三个主体章节，是对前文环境规制对工业污染空间分异影响机理的论证，亦是对工业污染空间分异影响因素的深入探索。

第 6 章为基于 SDM 模型环境规制对工业污染的空间溢出效应分析。首先，该章就环境规制对工业污染的本地影响与邻地影响提出本书的第三个假说，即环境规制对本地工业污染有抑制作用，对邻地具有污染转移效应；其次，确定了相关指标和数据来源，构建了空间杜宾模型并对模型进行检验；再次，采用空间杜宾模型实证检验了环境规制对工业污染的空间影响，论证了假说 2 的成立；最后，为实证分析提供了溢出效应检验与稳健性检验。该章是本书的第四个主体章节，将工业污染与环境规制两要素作为空间计量模型的变量进行计算，目的是研究环境规制对工业污染的本地与邻地影响。

第 7 章为低碳城市试点政策对工业污染的时空效应检验。首先，该章介绍了低碳城市试点政策的出台背景，依据低碳城市试点的实施方案，提出了低碳城市试点政策对工业污染的影响路径假说，即假说 3；随后，构建了空间双重差分模型，分析了低碳城市试点政策对工业污染的时空影响，并对假说 3 进行检验，即技术创新、产业结构与能源消耗三种路径检验；最后，将研究样本根据城市类型划分为资源型与非资源型城市，沿海省份城市与内陆省份城市，大、中、小规模城市，并进行异质性检验。该章是本书的最后一个主体章节，旨在运用当前流行的空间计量法来研究规制政策与工业污染二者间的关联。

第8章为研究结论与政策建议。该章对本书的研究成果进行了梳理，并根据分析结果提出了政策建议。

本书的研究内容框架如图 1.1 所示。

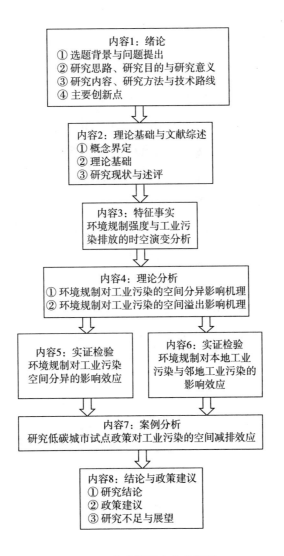

图 1.1 本书的研究内容框架

1.3.2 研究方法

本书在进行理论分析和实证检验过程中所采用的研究方法主要有以下四种:

(1)文献研究法。采用该方法对现有的文献进行梳理,厘清国内外相关学者在环境经济学领域中所提出的观点,将其进行整理和归纳,有助于夯实本书的研究基础,为后续研究奠定基础。

(2)空间信息可视化分析法。空间信息可视化是指运用 ArcGIS 图形图像处理技术,将烦琐的面板数据及一些抽象概念图形化的过程。

(3)收敛性研究法。本书通过收敛模型法分析环境规制的变化特征,并对 σ-收敛、条件 β-收敛、绝对 β-收敛进行检验。

(4)空间统计和空间计量分析方法。本书采用 GTWR 模型、SDM 模型分析环境规制对工业污染的空间分异效应与空间溢出效应,运用 SDID(空间双重差分)模型检验环境政策的实施效果。

1.3.3 技术路线

本书的研究思路与技术路线如图 1.2 所示。

1.4　主要创新点

本书围绕环境规制对工业污染的影响机制与影响效应进行研究,并对我国环境规制与工业污染区域分布、时空演变,环境规制对工业污染的影响机制及空间溢出效应等问题进行了深入、系统的研究,主要创新点体现在以下四个方面:

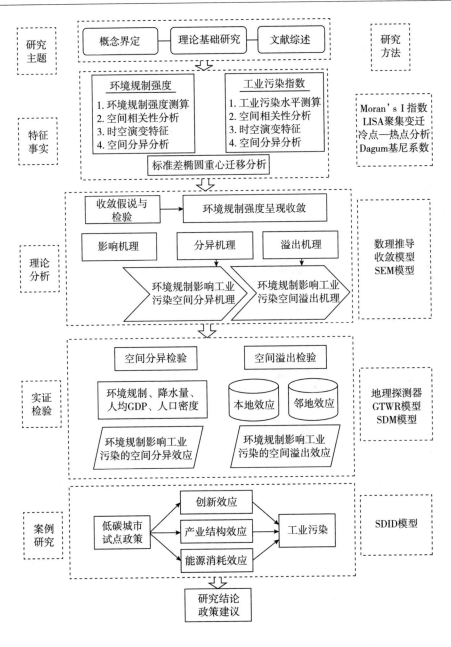

图 1.2 本书的研究思路与技术路线

（1）通过对环境规制强度的收敛性分析，揭示了我国区域环境规制强度趋于收敛的趋势。首先，本书应用工业废水、工业废气治理设施运行费和工业污染治理完成额测度区域环境规制强度；其次，运用 Dagum 基尼系数，分析了我国环境规制强度的时空演变特征、环境规制强度的空间差异、环境规制强度空间差异来源及其贡献；再次，本书分两种情况，即从地方政府合作与地方政府竞争视角，研究了环境规制强度趋于收敛的机理及收敛类型；最后，通过 σ-收敛模型、绝对 β-收敛模型、条件 β-收敛模型验证了环境规制强度的 σ-收敛、绝对 β-收敛、条件 β-收敛。由此，本书得出了我国区域环境规制强度呈现收敛趋势的结论。

（2）揭示了环境规制对工业污染空间分异与空间溢出的影响机制。本书通过建立环境规制作用机制的数理模型，探索了环境规制对工业污染空间分异的作用机理，结果显示，环境规制强度的差异能对产品产量造成不同影响，从而影响工业污染物的排放程度，进而导致工业污染空间分布的差异。进一步地，本书将环境规制分为了市场型、政府型与公众型，构造了结构方程模型以研究环境规制对工业污染空间溢出的影响机理。结果发现，市场型环境规制通过"污染产业转移"对邻地工业污染的溢出影响显著为正，路径系数值为 0.330；政府型环境规制通过"绿色技术创新"对邻地工业污染的溢出影响显著为负，路径系数值为 -0.407；公众型环境规制通过"环保竞争"对邻地工业污染的溢出影响显著为负，路径系数值为 -0.311。因此，政府型环境规制对工业污染的空间溢出作用最为显著。

（3）揭示了环境规制对工业污染具有明显的空间溢出效应。本书首先从经济学理论角度论证了环境规制的本地效应和邻地效应；其次通过构建空间杜宾模型检验环境规制对工业污染的空间溢出效应。得到的结论是：环境规制对本地和邻近地区的工业污染排放具有显著的抑制作用，但溢出效应在 150 公里为临界点，150 公里以内为显著的负效应，150 公里至 450 公里为显著的正效应。这说明一个地区的环境规制不仅能有效地促使本地的工业污染减排，也能有效地促使邻近 150 公里以内的地区工业污染减排，但是由于环境规制对污染企业具有挤出效应，会促使本地的污染企业转移到 200 公里以外的地区，从而在一定程度上加剧了 200 公里以外地区的工业污染。一个地区的环境规制溢出效应在 450 公里以外就不再显著了，溢出效应在距离上体现为倒"U"形。

（4）以低碳城市试点建设政策为个案，揭示了环境政策对工业污染的时空效应。本书首先从理论层面分析了低碳城市试点政策对工业污染减排的影响机理；其次构建空间双重差分（SDID）模型，就低碳城市试点政策实施对工业污染的时空效应进行检验。区别于传统 DID 模型，SDID 模型能更好地剥离低碳城市试点以外周边地区工业污染的影响，检验的是环境政策对试点城市产生的净效应。研究结论显示，低碳城市试点政策对试点城市的工业污染减排具有显著的促进作用，应扩大试点城市覆盖范围，这也是我国实现"双碳"目标的重要举措。传导机制检验结果表明，低碳城市试点政策通过促进区域技术创新、产业结构转型升级、区域能源消耗降低，促进工业污染排放水平的降低。异质性检验结果表明，低碳城市试点政策在资源型城市、内陆省份城市、特大城市与大型城市促进工业减排的作用较为显著，在非资源型城市、沿海省份城市、中型城市与小型城市作用不显著。

2　理论基础与文献综述

环境规制与工业污染是地区环境治理中的重要内容，我国各地区通过制定有差别的环境规制来防止污染进一步恶化和扩散，相关研究非常丰富。本章首先对环境规制、工业污染、污染转移等相关概念进行清晰的界定；再对"污染避难所假说"、"波特假说"、环境库兹涅茨曲线等关于环境污染与限制的理论进行总结；最后将对近年来关于环境规制与工业污染的相关研究进行梳理，为后续章节提供理论基础。

2.1　概念界定

2.1.1　环境规制概念界定

就环境规制的内涵而言，可参照相关权威著作及研究：是指以环境保护和资源节约为目的，政府运用行政法规、经济手段以及市场机制对企业的资源利用进行直接或者间接的控制和干预行为。学术界对环境规制概念的界定最早起源于Lee 和 Misiolek（1986）、Bovenberg 和 De Mooij（1994），他们认为开展规制的主体单位应该是政府机关，提出政府开展此类行为是由环境保护相关法律、污染物排放规定、回收污染标准、环境治理政策等诸多要素组成的，其目的是将工业生产和居民生活所造成的所有污染排放进行限制和削减，对企业和居民生产生活中的有害物质进行过滤与净化。Doern（2002）认为规制往往是由多种要素组合而成的，其中不仅包括组织、方案等要素，还包括思想、过程、状态等。后续学者也对规制对污染的影响展开了较多的分析（赵红，2007；傅京燕，2008；Chintrakarn，2008；Costantini & Crespi，2008）。随着政府和居民对经济增长的需求越来越迫切，简单的政府规制政策已无法满足复杂化与多元化的环境污染治理要求。为此，越来越多的地区形成了民间自发组成的环保组织团体，并且在环保实践中起到了关键作用，使得环境治理主体范围逐渐扩大。我国学者赵玉民等（2009）从 Chipko 运动①中得到启示，认为环境规制从理论上应当分为显性和隐性两种规制。其中显性规制主要是由政府、行业协会、企业等颁布的政策法规、行业规定，以及企业约定俗成的契约或签署的合约等；又可细分为控制命令型、市场激励型与公众资源型等。隐性环境规制是指政府、企业与公民对环境保护的宣传和知识灌输等。与此同时，很多学者将社会大众参与环境规制纳入模型之中，对环境规制的范围进行了拓展（原毅军和谢荣辉，2014；Zhang et al.，2015；金培振，2015）。此外，也有很多学者从环境规制的成本与手段层面将规制分成了费用型规制和投资型规制两种，从资金利用的角度来对理论中的"创新补偿"和"成本遵循"进行讨论（原毅军和刘柳，2013；原毅军和谢荣辉，2016）。

本书研究的重点是从空间角度考察环境规制对工业污染的影响机制，分析环境规制实施过程中所起到的工业减排效果。因此，本书对环境规制的定义为：一个地区对环境治理的整体情况，包括政府对于环境治理的力度、通过市场手段促使环境的治理和改善、公众对于环境的监督力度等，可以通过环境治理投资总额、污染治理设备运行费用、污染排放总量、污染排放单位成本、环境案件总数

---

① Chipko 运动，即抱树运动，指的是印度北部村民的一种环保行为，他们抱着大树以阻止商业性的采伐。这一运动引起经济学、政治学、环境学等领域学者的关注。

等指标来表示。

2.1.2　工业污染概念界定

工业污染的定义从广义角度来看，指的是工业社会发展中人类活动所导致的自然生态环境遭到破坏，最终导致人类的生存和发展受到阻碍；从狭义角度看，是指由工业生产活动所引致的工业排放问题，具体可分为大气污染、水污染、土壤污染、固体废弃物污染和噪声污染五类（董宪军，2000）。在工业化水平发展到一定阶段后，社会生产规模急剧扩大，人类从自然界所采集和利用的资源数量远远超出了大自然自己的生产数量，人类的活动所导致的污染和排放大大超过了环境本有的承载能力，最终导致人类与自然环境二者之间形成了冲突和不协调（张国凤，2020）。

因而，现阶段受到广泛关注的主要是狭义的工业污染问题。本书中的工业污染仅限于工业企业生产过程中所排放的工业污染物，主要包括各省份、地级市的工业废气、工业二氧化硫、工业烟（粉）尘、工业废水、化学需氧量及工业固体废弃物等污染。

2.1.3　污染转移概念界定

一般认为，污染转移是指研究对象产生的环境污染结果转嫁给他人的行为（解鸥，2008）。污染跨境转移可以分为两种：第一种是人为控制下通过走私、贸易、投资等方式进行污染转嫁；第二种是污染跨境流动，是在自然的作用下污染由水域和大气的流动所带动的污染转移。而第一种人为的跨境污染转移又可分为无知型转移、欺骗型转移与理想交易型转移（郑易生，2002）。

本书讨论的是环境规制对工业污染的影响从而引发"污染避难所"效应，是在政府规制下工业企业"趋利避害"的行为。因此，污染转移在本书中重点研究的是人为跨境污染转移。我们将污染转移定义为：企业通过生产经营区位的选择和调整，充分考察不同区域的要素条件与环境政策，规避政府环境约束，将工业生产过程中产生的污染异地排放，以降低成本、提高收益的行为。

2.2 理论基础

2.2.1 "污染避难所"假说理论

"污染避难所"假说理论是环境经济学中重要的理论假说，较好地刻画了境外投资与污染转移的关系，是环境学和经济学的热门话题。该假说最早由 Taylor 和 Copeland（1995）研究不同地区相互贸易和环境变迁时的关系所提出的，该理论认为在经济自然运行流通的大背景下，工业产品的贸易必然导致高污染，所以对环境破坏力较大的产业也将从发达地区转移到欠发达地区。究其原因在于发达地区的居民对生活质量要求较高，环保意识也更强，所以这些地区会颁布比较严苛的环境保护法律法规并严格执行，所以企业在这些地区的运营成本比较高。相较于环境规制强度较低的地区，环境规制强度较高的地区具有天然的竞争优势。在此条件下，高污染、高耗能、高排放的产业必将从发达地区转向落后地区，最终导致落后地区成为发达地区的"污染避难所"。这一假说的出现使很多学者开始重视起跨国投资与环境政策二者之间的联系，并参考现实中的案例对该假说展开论证。但是一直以来学者们自身所持的观点大多有所不同，对于"污染避难所"假说持有成立、不成立、不确定三种看法。下面将对不同理论观点进行阐述。

（1）"污染避难所"假说成立。美国学者 Kolsta 和 Xing（2002）针对美国对发展中经济体投资的主要影响因素进行分析研究，总结了二十余项影响因素后最终得出结论：投资目标国家对金属行业和化学行业的环保政策将极大影响美国企业的落户选择，但其他行业对目标投资国家的环保政策并不敏感。Chung（2014）借助双重差分法对韩国是否适用于"污染避难所"假说进行验证，最终证明成立。在我国，Bu 和 Huo（2013）通过收集我国工业企业数据，总结了目标投资国的环境政策对中国企业对外投资的影响，提出目标投资国的环境政策越是宽松，中国的资源密集型企业越倾向于对外投资。与此同时，Cai 等（2016）借助了三重差分法对中国外商投资和环境政策之间的影响进行了实证检验，结果显示，中国近年来环境政策逐渐严苛，对外资企业进入起到了明显的抑制作用。

（2）"污染避难所"假说不成立。Waldkirch 和 Gopinath（2008）发现，墨西哥逐步抬高污染行业的排污标准，但 FDI 的流入并未减少，这说明严格的环境政策未必会阻碍外资的流入。Elliott 和 Zhou（2013）利用企业博弈模型推导后认为，对于部分地区来说，目标投资国越是对环境加以规制，外资反而对当地越是青睐，而这一现状也与"污染避难所"假说的观点背道而驰。许和连和邓玉萍（2012）提出中国吸引外商投资最为显著的特征是具有路径依赖性，所以"污染避难所"假说并不完全适用于中国。Xiao（2015）对中国沿海地区和内陆省份的环境规制强度地区异质性展开对比研究发现，外资企业在中国投资的首选地区是沿海地区，但沿海地区的 FDI 流入与地区环境规制强度相关性并不显著，因此"污染避难所"假说不成立。

（3）"污染避难所"假说不确定。Gse 和 Aeh（2003）研究了美国、法国跨国企业对委内瑞拉（环境规制强度弱）与墨西哥（环境规制强度强）的投资资金流向，发现发达经济体对不同环境规制强度并不敏感，墨西哥获取的外资投资高于委内瑞拉。Wagner 和 Timmins（2009）分析了德国跨国企业对外投资的现状，指出投资目标国的环境规制政策对化工企业的影响最大，对冶金等其他行业的影响不显著。Kathuria（2018）对印度不同地区的环境政策与招商引资情况进行了统计，研究发现，在印度"污染避难所"假说并不成立。Dean 等（2009）指出，长期以来，中国的环境政策较为宽松，宽松的政策吸引了高额的 FDI 流入，但大多投资企业为我国港澳台企业，对国外发达经济体的吸引并不强。林季红和刘莹（2013）在将环境规制作为外生变量时，发现"污染避难所"效应在我国不成立；而将环境规制作为内生变量时，却发现"污染避难所"效应在我国是成立的。

2.2.2 波特假说理论

传统经济学观点认为，在消费者需求、企业技术没有变动的情况下，地方政府提高了环境约束标准，企业的生产成本便会随之增加，企业可能会将原本的研发支出投入节能减排中，对企业长期的生产率提升不利（Palmer et al.，1995）。但 Porte 和 Linde（1995）结合实证案例后指出，严苛的环境规制会倒逼企业进行大规模技术创新，企业可通过创新来弥补规制成本，也就是说，适度的环境规制反倒能提升企业的生产效率，最终实现经济增长和环境保护的共同进步，该学说便是"波特假说"。Jaffe 和 Palmer（1997）对传统的波特假说进一步提炼，将其分成了狭义、强假说与弱假说三个分支。"狭义波特假说"指的是不同类型的环境规制对企业创新起到不同的影响，并且灵活、适度的环境政策将比法律法规更有利于企业的创新研发。"弱波特假说"与"强波特假说"的区别在于："弱波特假说"认为环境规制可促进企业创新以弥补企业的规制成本；"强波特假说"则认为环境规制不仅可以促使企业创新以弥补规制成本，还可以大幅度提升企业生产效率、降低企业的生产成本。

波特假说提出后在学术界引起了广泛的争议，总结可分为以下四种：①环境规制降低了企业生产率。Lanoie 等（2008）研究了北美环境规制政策对工业全要素生产率的影响，认为北美制造业生产率受环境规制的负向影响，极大地降低了制造业生产率；Broberg 等（2013）采用随机生产前沿模型实证分析得出，瑞典工业生产率受环境规制负向影响显著；Hancevic（2016）将美国的《洁净空气法》对燃煤锅炉产生的影响作为研究案例，研究后认为，《洁净空气法》导致美国燃煤锅炉的生产率普遍降低了 1% ~ 2.5%。而我国也有学者支持此类结论，例如，盛丹和张国峰（2019）研究了中国不同地区的环境政策对当地工业生产效率的影响，指出受环境规制控制的区域，其工业生产发展增速远远低于非环境规制控制区。②环境规制的实施有利于生产率的增长。Lanoie 等（2011）认为波特假说当前所衍生出的三大分支理论均是成立的，只是影响程度在不同地区具有异质性；Bitat（2018）使用德国企业微观数据验证了波特假说，研究结果表明，企业生态创新与当地的环境规制存在正相关关系；Weiss 等（2019）通过研究瑞典造纸行业与化工行业的生产案例，认为合理高效的环境规制有助于激发企业的创造力，提升企业的市场竞争力。我国也有学者支持该观点，例如，金刚和沈坤荣（2018）指出城市的生产率在政府制定环境规制政策后会有所提升。③环境规制对工业生产率具有非线性影响。张成等（2011）指出，中国中部、东部地区的工业产业与当地的环境规制之间的影响曲线为倒"U"形。王杰和刘斌（2014）认为环境规制与企业全要素生产率间呈"倒N形"关系。刘悦和周默涵（2018）建立了局部分析模型，并根据模型提出：企业生产率与环境规制的强度呈负相关关系，但是在均衡框架内，加强环境规制强度会使企业加大自身的研发支出，所以长期来看，其生产率有所提高。Wang 等（2019）分析了环境规制与绿色生产率之间的关系，提出这两种因素关系曲线为倒"U"形；董直庆和王辉（2019）则直接指出当地的绿色技术水平与环境规制两大因素之间的影响曲线呈"U"形，而对相邻地域的影响曲线为倒"U"形。④环境规制对生产效率的影响不确定。Becker（2011）分析了美国制造业企业生产效率与政府制定的环境政策的关系，研究认为，这两者之间的关联受多重因素影响，具有不确定性。Wang 等（2018）分析了中国水污染重点防治地区的工业企业，指出政府所开展的环境规制对企业生产率的影响具有局限性，并不能降低企业生产率。黄庆华等（2018）对中国工业行业的绿色生产要素进行测算，研究结果表明，绿色生产要素与环境规制之间的影响不确定。

2.2.3 空间计量经济学理论

空间计量经济学（Spatial Econometrics）是传统计量经济学的衍生，在计量经济学的基础上附加空间地理的要素，结合了地理学科的内容和思想分析问题。

该学说的用途在于分析区域之间的经济变化趋势，识别空间相互作用（空间自相关）和空间结构（空间不均匀性），由此来对不同空间的经济问题进行分析。

一般来说，计量经济学在实际应用上有着严苛的条件，需要假定数据模型符合高斯-马尔科夫定理，也就是说，所要计算的数据要求无异方差（均质），其对于面板数据尤其看重。而且该理论的局限性也十分明显，那就是往往对附近空间的相关性和分异性影响重视不够。与空间计量经济学相比，传统计量经济学无法解释空间效应，为此，空间计量经济学应运而生（Getis，1989）。计量经济学家 Paelinck（1997）确立了空间计量经济学后，极大地弥补了原本传统计量经济学的不足，随后通过 Anselin 等学者对该学说的拓展和深入研究，最终确定了该学说的总框架体系，该学说也成了经济学的主要分支之一。Anselin（1988）对空间计量经济学进行了严格的定义，认为其是由空间所引起的特殊性空间区域模型，其中涉及模型的估计、设定、预测和检验多重要素。随着多种应用软件与 Gauss 语言编写的日趋成熟，区域经济、环境科学、科技创新等研究领域借用空间计量经济学方法获得颇丰的研究成果。当前，空间计量经济学应用最为广泛的是验证研究变量的空间相关性与空间异质性以及空间溢出效应。

2.2.3.1 空间依赖性与空间异质性

空间计量的首要任务是验证"地理学第一定律"，即检验分析对象是否有空间依赖性，空间对研究对象有着什么样的影响（Anselin & Rey，1991）。空间依赖性的主要表现形式为在经济主体的关系中，涉及的因素包括技术、资本、劳动力的迁移流动，以及主体之间的竞争等，都会使不同地域产生关联。空间相关性在应用中使用比较广泛的是 Moran's I 指数、Geary 指数、Getis-Ord 指数等。本书将选用 Moran's I 指数检验环境规制与工业污染的空间相关性，具体检测方法与结果可见后文。

空间异质性又称为空间差异性，是指区域化变量在不同空间位置上存在明显差异的属性。由于不同空间的内部数据受到诸多因素的影响，所以不同区域都有其各自的特点（万丽，2006），如各地区人口、经济发展水平、环境污染程度等都具有空间异质性。在实际空间计量模型中，设置的参数、变量等都由于地域特征而有所不同，而每个经济系统之中的变量都会对空间稳定性造成影响。而目前，空间异质性检验主要方式是空间变差函数，影响因素异质性分析主要是地理加权回归模型（GWR），相关研究现状可见后文"污染物空间分异与环境规制收敛研究"。

2.2.3.2 空间溢出理论

该理论是指，在区域空间内互相有关联和影响的事物会通过流动性和扩散效应来影响周围事物。目前空间溢出效应有两种观点：其一是空间溢出效应受到边界的影响，所以无论是技术的流动还是知识的传递都只能发生在邻近的地域之间；其二是空间效应不受边界的影响，而经济主体之间的信息和技术沟通交流在邻近的区域也更具优势（李实，2021）。此外，资源要素也受到空间的分配和影响，而资源要素通过空间效应也将对周边地区起到带动作用。

当前，主要是运用空间杜宾模型考察观测对象的空间溢出效应，其数学表达式为：

$$Y_{it} = \alpha + \rho \sum_{j=1}^{N} W_{ij} Y_{it} + \beta X_{it} + \theta \sum_{j=1}^{N} W_{ij} X_{it} + c_i + \mu_t + \varepsilon_{it} \qquad (2.1)$$

其中，Y_{it} 是在单位 t 时间中截面 i 变量数值（$i = 1$, 2, $\cdots$, N; $t = 1$, 2, $\cdots$, T）；$n{\times}k$ 的解释变量矩阵是 X_{it}、β 为回归系数，是 $k{\times}1$ 维系数向量；ρ 是空间自回归系数（值为$-1{\sim}1$），由此来获得两个地域相互影响的程度，对比解释变量 X_{it} 与被解释变量 Y_{it} 的程度即可；这当中 θ 为解释变量的空间自回归系数；$n{\times}n$ 阶权重阵是 W_{ij}；ε_{ij} 为随机误差项，范围是（o, σ^2）；c_i 与 μ_i 分别表示空间与时间的特定效应。

空间杜宾模型是目前在研究中较为流行的模型，原因在于该模型对待分析的问题具有较强的解释能力。从模型（2.1）可知，地区的自变量变化受因变量影响，也会受其他地区变量影响（溢出效应）。在环境经济学领域，诸多学者利用空间杜宾模型检验环境规制强度的空间溢出效应。例如，刘满凤等（2021）利用空间杜宾模型与工具变量研究环境规制对工业污染的影响，结果发现，环境规制对本地工业污染具有负向作用，但在邻地 150 公里外具有正向作用，溢出效应在 450 公里外不显著。李泽众和沈开艳（2019）认为，环境规制不仅可以显著提高本地区的新型城镇化水平，还可以通过溢出效应提高相邻城市的新型城镇化水平。袁晓玲等（2021）研究发现，环境规制对本地与邻地的创新能力都具备正向空间溢出效应。Tong 等（2020）研究了我国京津冀、长三角和珠三角城市群环境规制对 PM$_{2.5}$ 浓度的空间溢出效应，结果表明，空气污染不仅受到当地环境规制的影响，还受到周边城市实施政策法规的影响。

2.3　研究现状与述评

2.3.1　环境规制强度的测度研究

通过对相关问题的文献整理我们可知，环境规制强度计算方法主要是通过定性指标、单一指标、综合指标三种方法来进行的（董敏杰等，2012；李钢和李颖，2012；程都和李钢，2017）。下文将对三种方法分别进行介绍。

2.3.1.1　关于定性指标测算的研究

该方法依赖于个体的个人判断来对一个地区、行业或企业所受到的环境规制影响进行估值并测算，在现实当中，此方法往往依赖于专家的意见来对地区环境规制强度进行估值并最终得出结论。该方法使用时间最早可追溯到 Johnson（1979），其曾对联合国的多个成员的环境规制强度进行打分，最后根据分数进行排序。这种方法是建设环境规制强度指数的代表性任务。Mody 等（1995）参考了 Johnson（1979）的评价标准与尺度，使用其他测算方法，将分析目标的环境规制手段分成了多个维度，包括绩效、立法、执行、政策、意识等，根据不同的维度，评价不同国家和地区的具体环境政策手段，通过多个维度对不同区域的环境策略进行主观评价，最终建立起一个统一标准的环境规制评价指数。Bitat（2018）使用问卷调查法从多个角度评价了德国的环境规制策略。中国也有学者比较支持定性指标测算法，例如，李钢和刘鹏（2015）整理了中国现有的法律法规当中有关金属生产行业的环境标准要求，对中国金属冶炼行业的污染物、污染排放、高炉等多个维度的环境规制政策进行了赋值评价，最终总结出了中国2000—2014年长达15年的金属冶炼行业环境规制变化情况。此外，在世界范围内，在推出环境绩效指数（EPI）之前，很多国家和地区都将该方法视为评价环境规制强度的主要方法，由此来确定各国和地区的环境规制强度指标。

在环境规制研究仍不成熟的时期，全球对于环境方面的统计和测算方法仍比较落后，所以在初期很多学者都认为采用定性指标测算法测算环境规制强度是准确的。但是目前这一方面的理论和实践还在不断改进，所以时至今日，采用定性测算法进行测算的学者已成为少数，大多数学者都选择更为客观的方法。

2.3.1.2 关于单一指标定量测算的研究

该方法是选定一个地区能代表环境规制水平的定量进行测算。该方法相较于定性指标测算法具有针对性强、更为客观、便于横向比较等诸多优势。结合诸多现有文献的研究成果我们可知，大多数学者采用该方法都选择从以下角度展开测算：污染物排放、污染治理力度、排污税收制度、环境法律法规、其他角度等。下面本书对这些角度进行列举并简单介绍。

（1）污染物排放角度。该角度是进行分析测算的常见选取角度，主要从以下几个方面进行着手：污染物排放的达标水平、数量，以及当地指定的污染物排放标准。Copeland 和 Taylor（2004）对这些指标的选定提出了自己的见解：第一，一个地区的污染物排放的标准认定越严苛，则表明当地对环境问题越重视，也就越有可能开展严格的环境规制策略；第二，污染物的排放量限制越多，证明当地环境规制执行越严格；第三，一个地区的污染物排放量实际上并不直接代表当地的环境规制强度，但是明显能代表其对环境规制的态度。McConnell 和 Schwab（1990）将美国汽车喷漆中的挥发物定义为地区环境规制的变量指标。

Otsuki 等（2001）将欧盟贸易中的农作物产品中黄曲霉的使用限度视作欧盟环境规制的评价标准。Dechezlepretre 等（2009）将汽油中的铅含量规定值的标准变化作为衡量环境规制强度变化的标准。Henderson（1996）将当地法律规定当中的空气排放达标率作为判断环境规制强度的指标。Becke 和 Henderson（2011）、Greenstone（2002）同样参考法律当中对空气排放的达标水平来判断地区的环境规制问题。Xing 和 Kolstad（2002）将二氧化硫的排放量视为测算各国和地区环境规制强度的评价标准；Zhang（2013）、杜雯翠（2013）经过分析认为，除了二氧化硫之外，生产的化学需氧量的排放量变化也能够体现地区环境规制的强度变化；Wang 等（2018）、Zhou 等（2019）也选择二氧化硫的排放量与化学需氧量作为评价我国部分制造业发达地区的环境规制强度评价标准。此外，我国很多学者都认为这一评价标准适用性较强（盛斌和吕越，2012；余东华和胡亚男，2016）。

（2）排污税收角度。长期以来，人们普遍认为政府对工业排放污染加重税收有利于减轻污染排放所带来的外部性问题，所以政府应当考虑征收污染物排放税，以此判断当地政府对环境规制的重视程度。从这一角度出发，很多学者根据国家、地区、行业所涉及的污染物排放税收来分析当地的环境规制问题。例如，Levinson（1996）收集了当地各个地区的废弃物处理税率的变动与高低对比，以此确定各个地区的环境规制强度。Cole 等（2011）以当地收取燃油税的高低来确定其环境规制力度。我国学者向来对地区的排污税制定比较重视，排污税是中国学者最为关注的环境规制指数，实际上，中国在 2017 年之后才正式确定了排污税的推行，2017 年之前向企业收取的排污款向来是以排污费为名目。兰宗敏和关天嘉（2016）参考了中国排污费历年的收入和规模来确定我国不同地区对环境规制的重视力度。张平等（2016）认为环境规制应当分成投资型与费用型两大类，认为排污费是判断不同地区环境规制力度的一大参考指标；他们还根据排污费的高低来评价各省份的费用型环保规制能力。蔡乌赶和周小亮（2017）、蔡乌赶和李青青（2019）也根据多个地区的排污费来确定环境规制强度。

（3）污染治理力度角度。实际上，一个地区越是制定严格的环境政策，当地的有关企业的经营成本也就越高，同时政府的环境治理支出也就越多，所以很多学者通过测算与污染治理相关的指标来判断当地的环境规制现状。西方国家的污染治理直接体现在减污支出中（Pollution Abatement Costs，PAC）。Gollop 和 Roberts（1983）将当地政府对二氧化硫的治理成本作为美国电力行业有关的环境规制指标。Ederington 和 Minier（2000）利用制造业 PAC 与生产支出的占比来分析环境管理问题。Levinson 和 Taylor（2008）选择当地一百余家制造业企业的 PAC 与附加值来确定制造业的环境规制强度。Domazlicky 和 Weber（2004）也同样选择 PAC 为环境控制评价标准。国内也有不少学者选择从污染治理角度来评价环境规制问题，例如，选择利用工业污染治理费用来与工业的产值作比（童健等，2016）、多个行业的治理设施运作支出和其收入作比（景维民和张璐，2014）。此外，国内外还有很多学者从治理投资的角度来测算环境问题。Aiken 等（2009）将治理污染所用的投资与所有的总投资支出作比来计算环境规制。Jug 和 Mirza（2005）、余东华和孙婷（2017）参考了治理设施建设支出加上治理设施总建设支出与整个行业的产值作比来判断多个行业的环境规制能力。张成等（2011）将地区用于治理工业污染的总金额占主营业务成本的比重作为判断国内各个省份环境规制强度的标准。陶静和胡雪萍（2019）则将治理污染的费用与 GDP 二者之间的比值作为评价当地环境规制水平的依据。

（4）环境法律法规角度。一般来说，环境法律是控制环境最有力的保障和最低底线，它的背后是国家的强制约束，由此来对环境的污染者进行规范，所以很多学者倾向于将地方环境法规作为判断当地环境规制的指标。Pargal 等（2000）通过收集并整理印度不同州的环境诉讼案数量来判断印度各个地区的环境规制能力。Cole 等（2008）通过整理我国不同省份与环境有关的处罚案例来测算我国不同地区的环境规制能力。彭星和李斌（2016）、蔡乌赶和李青青（2019）在研究我国不同地区的环境规制强度时都将当地对生产的行政处罚行为作为判断依据。郭进（2019）综合了地区的环境法律法规以及行政处罚案件作为评价当地环境规制强度的依据。

（5）其他角度。上文介绍的是四个比较常见的角度，除此之外，很多学者喜欢从其他角度来判断环境规制问题，例如，陆旸（2009）选用当地的人均收入情况来作为判断环境规制的标准。韩先锋等（2018）用当地工业生产机构的能源消耗所贡献的 GDP 数值来判断环境规制。王兵和肖文伟（2019）运用 DEA 法来对环境规制成本进行整理。除此之外，也有很多社会公众对环境规制问题比较关注，很多学者在研究中也考虑到了当地社会公众对环境规制的影响，例如，徐圆（2014）参考了当地媒体对环境问题的态度和报道数量来作为判断当地公众对环境重视程度的指标；张克森（2019）利用当地网民的数量来确定当地非正式环境规制的力度。

2.3.1.3 关于综合指标定量测算的研究

上文所介绍的单一指标测算法虽然有一定的准确性，且测算的结果针对性较强，但是选用单一指标测算的最终结果也只能显示当地在环境规制问题上某个方面的态度，往往忽略了其他方面，这就会导致最终结论与事实相去甚远（李虹和邹庆，2018）。所以要想更好地全方位判断一个地区的环境规制能力，就需要建立综合型指标体系。在使用综合指标定量测算法时，首先要确认所选择的综合指标当中所内含的多样化评价角度，再整理不同维度下的指标，并根据多种指标分别对其进行赋权，最终得到综合型的环境规制评价系统。而目前常见的赋权方法包括因子分析法、层次分析法、熵值法等（李小永，2020）。

多年以来，随着有关研究的不断深化，社会各界对地区环境规制强度测算的精准度要求越来越高，所以当代测算环境规制问题时也要首选综合指标定量法。Dam 和 Scholtens（2012）认为，环境规制的整体可以归纳为多个角度，分别是环境改善、规制管理、政策制定等，研究者将所有的角度分别进行赋权，最终确定了一个综合性的环境规制测度体系。Botta 和 Kozluk（2014）认为，在全面地测算环境规制问题时，需要将综合指标体系分为两个小体系，每个子体系下还要设定多个具体的经济环境指标，并同时参考两个子体系分支的规制强度来判断综合强度。Albrizio 等（2017）、Wang 等（2019）选用世界经济组织开发的环境政策指数来判断多个国家和地区的环境规制问题，其选用的综合指数由市场型政策与非市场型政策两个部分构成。Liao 和 Shi（2018）选择了四大指标来测算 1998—2014 年不同省份的环境规制问题，这些指标包括废水减排费用、固体处理费用、环境处理费用、废气处理费用。Liu 和 Gu（2020）选择了五个维度来搭建环境规制综合指标，包括资源税、维护税、消费税、行政收费与土地占用税。我国同样有很多相似的研究，例如，傅京燕和李丽莎（2010）在判断我国的综合环境规制强度时选择了将测算地区工业生产所排放的废气、废水作为排放指标。此外，我国很多学者都选择将污染物治理费用作为研究对象来评价环境规制程度（李玲和陶锋，2012；王杰和刘斌，2014；童健等，2016；李虹和邹庆，2018）。黄庆华等（2018）确定了多个子指标并将政府对当地的污染治理支出和建设设施的花费作为测算环境规制强度的参考项。徐盈之和杨英超（2015）选择了多达十余个子指标，建立了两个维度来搭建综合指标体系。

2.3.2 工业污染排放的测度研究

当前，国内学术界对工业污染强度的测算由于受限于数据的可得性与数据收集的壁垒，多集中在利用《中国统计年鉴》中的指标表征工业污染。例如，陆铭和冯皓（2014）、王晓硕和宇超逸（2017）使用工业化学需氧量（COD）、工业烟尘排放量与工业二氧化硫排放量度量工业污染程度；周力和应瑞瑶（2009）选取了工业废水中的化学需氧量（COD）和工业废气中的二氧化硫排放量（SO_2）衡量工业污染水平；席鹏辉等（2017）选用人均工业废水排放量的对数值表征工业污染。也有学者参考了具体一个城市的二氧化硫与废水排放量除以这个城市的工业总产值来表征工业污染（张宇和蒋殿春，2014；刘胜和顾乃华，2015；李顺毅和王双进，2014），目的是消除异方差。此外，也有学者利用一些综合评价法、平均分配法测算工业污染指数，例如，周静和杨桂山（2007）采用平均分配余量的方法，计算 COD、氰化物、汞、镉、六价铬、铅、砷等 14 种污染物的贡献率表征工业污染。沈国兵和张鑫（2015）根据各省份工业二氧化硫、废水、固定排放与烟尘产生量 4 个指标，运用纵横向拉开档次法，计算得到我国省级工业污染排放指数。刘照德和丁洁花（2009）运用可靠性分析来判断指标是否可行，利用聚类分析法以工业固体排放、粉尘排放、烟尘排放、二氧化硫排放等多个指标分类，并运用因子分析计算工业污染综合得分。田时中和赵鹏大（2017）将包括固体排放、二氧化硫、废气排放、废水排放等在内的五类工业污染排放物作为工业污染综合指数测算指标，利用动态综合评价方法评估工业污染指数。陆翱翔等（2007）采用分类评价、综合评价的方法对江西省近几年的工业污染状况进行分析评价，根据工业污染的特性，结合"压力—状态—响应"模型的思想建立工业污染的评价指标体系。

与国内学者不同的是，国外学者更多地会实地采集工业排放数据。例如，Natalia 等（2019）运用模糊推理系统对大气污染动态、大气污染水平和大气污染物排放等数据进行聚合，形成对工业大气状态的复杂估计。Chakraborty 等（2014）利用澳大利亚工厂排放的废气量与毒性评估工业污染程度。Сулейманов 等（2011）收集并分析了卡马河畔切尔尼（Naberezhnye Chelny）的空气污染源信息，对工业企业和交通尾气的排放进行了汇总，并提出了一套工业污染的贡献函数测算方法。Jeong 等（2020）利用韩国 15 个工业园区附近的 150 个农田的土壤样本（地上 0~15 厘米和地下 15~30 厘米），提取并测定土壤中砷、镉、铜、镍、铅、锌和汞的总浓度，以测算工业园区附近的工业污染水平。Singh 等（2017）使用能量色散 X 射线荧光（EDXRF）对工业区附近两个农业用地的土壤进行了重金属污染调查，在土壤样品中测定了 17 种元素的浓度值，根据浓度值计算尼梅罗（Nemerow）综合污染指数，以此表征工业污染指数。

2.3.3 污染物空间分异与环境规制收敛研究

2.3.3.1 污染物空间分异的研究

对于空间分异的探讨，最早源于 Anselin（1988），他对空间分异的定义是某个空间区位上的事物或现象与其他区位上的事物或现象呈现异质性的状态。Brunsdon 等（1999）将空间分异影响因素纳入区域经济与经济地理的研究，认为发达地区与欠发达地区、核心地区与边缘地区的事物都是异质性的，异质性的主要变现形式为经济行为、空间关联的不稳定性。关于污染排放空间分布的研究，Poon 等（2006）以 SO_2 和烟尘为研究对象发现工业污染排放在美国各地州存在显著差异。Lindner 等（2012）应用环境投入产出模型分析了工业废气排放在不同区域和行业的特征。类似研究还有 Hoffmann 等（2005）、List 等（2004）等。随着全国范围内工业生产的普及，我国目前在污染治理方面面临着越来越严峻的形势，同时，不同地区的污染物具备鲜明的空间差异性特征。我国学者往往倾向于通过多样的空间尺度对污染空间问题进行研究。

从空间尺度选择上来看，耿强和杨蔚（2010）对中国多个地区的二氧化硫和烟尘排放的数量做过对比研究，认为中西部地区的排放量较高，大多集中在中西部省份。邹蔚然和钟茂初（2016）通过研究后指出，中国的大型工业城市产生了污染的空间集聚效应，在空间演变上，工业污染由三大核心城市向周围边缘地区扩散。李玉红（2018）认为，由于我国的"去工业化"与"产业转移"，目前工业污染所造成的影响最明显的区域已经从工业大城市转到了农村地区。龚健健和沈可挺（2011）参考动态数据提出，我国东部地区是污染排放主要区域，且污染排放存在省际强异质性。李建豹等（2015）研究认为，我国省域人均碳排放存在显著的空间异质性和空间自相关性，各因素对不同省域人均碳排放的影响也具有空间异质性。王梓慕等（2017）探讨了环境政策、环保投资和公众参与对工业废气减排的影响，结果表明，不同政策工具下工业废气减排存在地区差异性。宋成镇等（2021）分析了排污与工业产业集中的关联性和工业产业的区域特征，指出污染产业集中与污染排放强度总体呈负相关关系，工业集聚在分布上具有东部远比西部密集的特征，工业污染排放总体表现为明显的"南北差异"和"东西差异"。

在省域空间分布的研究上，单瑞峰和孙小银（2008）在对山东省的研究中将山东省划分为三个区域，并分别对三个区域展开调查研究，最终认为山东省的东部地区排放量高于中西部地区；并且山东省在 1990—2005 年的排污量快速增长，是排放量最大的一个阶段，同时不同地区污染排放量的差距也在不断地缩小。程磊磊等（2008）对无锡市的二氧化硫总排放展开了调查研究，并提出无锡市的二氧化硫排放量目前城市外围高于市内，城市内的排放逐渐减少。任嘉敏和马延吉（2018）对我国东北地区的工业污染分布趋势进行了统计研究，并提出，东北的工业污染主要集中在西南与东北地区，不同污染物的排放移动轨迹都一致，同时排放二氧化硫的产业更容易出现集聚效应。

2.3.3.2　环境规制收敛性研究

收敛性研究与经济增长密不可分，并且目前收敛性研究也逐渐运用到了其他分析中，多年来一直有很多学者重视能源与环境问题二者的收敛性研究。例如，师博和张良悦（2008）对中国能源效率转化问题的研究，他们认为目前中国的能源运用效率呈西部发散、中部与东部逐渐收敛的大趋势。Camarero 等（2013）集中整理了二十余个国家在 1980—2008 年的环境效率统计数据，发现在统计期内生态效率较高的国家包括瑞典、挪威等，而环境效率值较低的国家包括西班牙等；收敛模型检验结果显示，OCED 国家环境效率呈现俱乐部收敛的特征。马丽梅、张晓（2014）、李佳佳和罗能生（2016）等通过研究中国 30 个省份环境生态效率的地区差异发现，中国东、中、西部环境生态效率地区差异逐渐缩小，绝对收敛与条件收敛显著。申晨等（2017）测算了我国工业生态效率，测算结果显示，我国工业生态效率的区域间差异先缩小后扩大，仅东部地区呈现明显的收敛态势。李亚冬和宋丽颖（2017）比较了我国沿海和内陆两个地区的碳生产率收敛速度，最后得出结论：资本差距、技术差距等领域的差距是内陆省份碳生产率收敛不足的直接原因。赵文佳（2020）以 250 个地级市为研究样本，运用 Malmquist-Luenberger 指数与 DEA 相结合的方法得出了绿色发展效率，研究结果显示，我国各区域的绿色发展效率存在较大差异，不存在绝对 σ-收敛和绝对 β-收敛，但存在条件 β-收敛。从不同地区分布来看，中部地区环境效率收敛分为条件和绝对两种类型（王怡和茶洪旺，2016）。长江三角洲以及我国西南地区普遍呈 σ-收敛特征，同时长江三角洲地区还拥有 β-收敛特征（杨桐彬等，2020）。分行业来看，胡建波等（2020）利用三阶段 DEA 模型与非竞争型 I-O 模型来解析我国产品部门整体出口贸易隐含碳排放效率，发现在 2002—2010 年和 2010—2017 年出口贸易隐含碳排放效率均存在 σ-收敛、绝对 β-收敛和条件 β-收敛。李小平和李小克（2017）对我国 35 个工业行业环境规制强度进行收敛性分析，研究结果表明，不同行业的环境规制强度均存在 σ-收敛、绝对 β-收敛、条件 β-收敛和俱乐部收敛，且清洁行业的环境规制强度的收敛速度要快于污染行业。

2.3.4　环境规制对工业污染排放的影响机制研究

当前，全球学者针对工业污染与环境控制手段两者间的影响机制研究大致可以分为以下四类：

2.3.4.1　环境规制通过能源效率影响工业污染

Haites 和 Yamin（2000）认为，政府环境规制强度的提升有助于当地工业企业减少能源消耗、提升生产效率，使工业产业的成本降低、提升生产经营质量、改善生态环境、减轻污染问题。Purohit 和 Michaeloua（2008）研究了欧洲政府长期以来影响环境的手段，认为政府在开展环境规制之后确实使当地的工业污染排放有所降低，而且极大地提高了能源效率。李玲和陶锋（2012）将常见的近三十个制造业行业进行分类，根据环境污染程度将其分成了轻度、中度、重度污染三大类，同时借助面板模型试图找出能源效率和环境规制之间的影响，提出：环境规制作用于重度污染产业后可有效帮助其提升能源效率；而对于中度污染产业的影响较轻，中度污染产业可快速突破"U"形拐点；与之相比，轻度污染产业所受的影响更少，而其也能够更早突破"U"形拐点。在诸多类型产业中，原本能源效率较高的产业，污染减排政策对其影响更明显。高志刚和尤济红（2015）收集了我国不同省份在 2000—2012 年的污染排放与环境规制数据，分析了不同地域的能源效率作用机制，最终说明，能源效率受环境制度影响明显，当环境规制力度达到一定程度后会明显地影响能源效率，致使当地污染排放有所降低。陈德敏和张瑞（2012）认为现代的大机器工业生产模式将导致能源利用效率大幅下降，政府可以考虑通过收取排污费用来增加污染治理的投资，以此改善能源的使用效率，最终成功实现节能减排的目的。黄清煌和高明（2017）利用面板分位数模型对 SBM-DDF 模型进行测算，最终得出了不同省份污染减排与能源利用效率，结果说明，在我国，环境规制手段对于改善污染排放起到明显作用，但是不同省份的改善效果截然不同，东部省份的改善效果较好，中部、西部的省份改善效果不佳。

2.3.4.2 环境规制通过产业结构影响工业污染

环境规制通过产业结构影响工业污染，是指政府通过颁布环境政策、调整产业结构，降低工业污染物的排放。根据前文的理论基础阐述，我们可知"污染避难所"假说对该观点进行了证明。Levinson 等（2008）支持"污染避难所"假说，并分析了不同地区的环境规制对产业结构的影响。时至今日，学术界对环境规制与产业升级之间的关系还存在较大分歧：一是部分学者认为环境规制对产业升级具有积极影响，科学合理的环境规制政策将促进工业企业产业升级。例如，Hepbasli 和 Ozalp（2003）对土耳其的工业能源效率问题进行分析，认为土耳其政府颁布的有关政策提升了当地工业企业的资源利用效率，并且推动了企业的技术升级，也对当地环境产生了积极影响。徐开军和原毅军（2014）为了更好地研究环境政策对企业产业结构的影响，通过动态面板模型分析了整个体系当中的传导机制，认为政府推行的环境规制办法可促进工业企业积极进行内部调整，并且企业调整的积极程度与环境规制力度有着正相关关系；同时，他们提出对废气排放加以控制的效果要好于对废水排放的控制，企业自我改进产业结构有助于恢复当地生态环境。原毅军和谢荣辉（2014）指出，企业做出产业结构调整的决定往往受到政府政策的影响，政府通过调整当地工业污染排放强度的限制，使企业不得不进行技术升级、优化产业结构。当政府的环境规制强度提升时，企业产业结构调整会出现"抑制—促进—抑制"的动态变化，这一变化也会提升当地的节能减排水平。二是有学者认为产业结构调整与政府的环境政策并无联系。例如，薛伟贤和刘静（2010）通过研究后指出，地方环境制度对工业企业的产业绩效影响不大，并且也不会直接导致企业进行产业转移，所以环境规制手段很难发挥其真正的作用。钟茂初等（2015）对中国不同省份的数据进行整理后指出，当环境规制达到相应阈值时，会调整产业结构、驱动产业升级，但在当前经济发展水平下，环境规制难以达到预期的规制强度，对降低污染排放强度的作用也不稳定。三是有学者认为工业产业结构升级会受到地方环境政策的抑制。例如，周静（2015）收集了中国2012年之前30个省份10年的工业数据，提出工业产业结构转型与地方环境政策二者之间的关系曲线实际上是倒"U"形的；同时政府的排污治理费用与产业结构正相关，这说明排污费用的提升会导致产业结构的变动形状呈"U"形。所以结论为：在环境规制的背景下，产业结构能否调整是随着地区的不同而不同的，难以通过环境规制政策来判断其工业污染是否有减轻。

2.3.4.3 环境规制通过外商直接投资影响工业污染

自我国加入WTO以来，外商直接投资（FDI）被认为是我国经济飞速增长的关键性驱动因素之一。与此同时，FDI增加所导致的环境污染问题也引起了学术界的重点关注。张华和魏晓平（2014）认为，FDI的增加会引发"污染避难所"效应，我国本土的生态环境将受到明显破坏，工业污染物所造成的影响将会被放大。此外，也有部分学者提出环境污染与FDI之间的关系不应当一概而论，而应灵活看待，二者之间存在门槛阈值效应。例如，杨杰和卢进勇（2014）提出外商直接投资对环境的影响存在人力资本与人均收入的"门槛效应"，并且对应于不同的"门槛变量"其对生态环境的影响有所不同。傅京燕和李丽莎（2010）通过对环境规制强度二次项的考察，发现我国各地区的环境保护制度与外商投资选择二者的关系呈"U"形：在"U"形拐点前部，环境规制越严格，FDI流入越低，环境规制强度越低，FDI流入越高；而在环境规制越过拐点之后，随着环境规制的升高，FDI流入增多。李金凯等（2017）将经济发展阶段和FDI积累作为转换变量，构建FDI对环境污染的面板平滑转移（PSTR）模型，实证结果显示，FDI对环境污染的影响会随着经济发展和自身积累阶段的不同而呈现非对称特征：FDI随人均收入的提高抑制程度先缓慢减弱后迅速上升，在人均收入达到0.527和1.027时，FDI对环境的影响将转变；当其超越了门限值后，投资结构升级使环境污染降低的作用将会更为明显。也有学者认为，FDI 造成的工业污染存在空间异质性，虽然各地区 FDI 的相对水平与工业污染程度正相关，但东部地区 FDI 对工业污染的弹性低于中西部地区（应瑞瑶和周力，2006）。聂飞和刘海云（2015）通过动态联立方程模型的估计结果认为，外资企业的进入具有"污染避难所"效应，但环境标准的降低将会使外商投资更加青睐于污染程度较高的产业，中西部地区的环境污染将会明显高于东部城市。

2.3.4.4 环境规制通过技术创新影响工业污染

哈佛大学教授 Porter 和 Linde（1995）结合案例分析提出，环境规制政策的变动将拉动当地工业企业开始技术创新，而进行环境规制的成本也将会被工业企业增加的排污成本所抵消，所以工业企业的竞争力有所提升后，环境规制的具体实践也将增强，企业的排污效应有所提升，这也是"波特假说"的一种体现。Hamamoto（2006）在选择环境规制强度指标中首选了政府治理污染成本，而选择 R&D 支出为创新指标，最终得出结论：R&D 的投入和污染治理二者属于正相关关系，也就是说，污染排放更为明显的企业在环境规制的背景下更倾向于开展创新活动。李平和慕绣和（2013）在经过研究后认为环境规制与工业创新之间由于行业的不同其作用也不同；对于部分行业来说，环境规制强度低，其开展创新活动的动力不足，只有科学制定最优的环境规制指标，才能激发不同行业的创新动力，才能真正起到节能减排的效果。臧传琴和张菡（2015）结合实证分析后认为，政府的环境规制行为不仅能促进企业进行积极研发，也有利于企业进行本行业的技术创新，同时还有助于树立企业的节能减排意识。余伟等（2017）综合了中国目前三十余个高污染行业的八年的经营数据，提出工业企业的技术创新和政府的环境政策之间的关系为"U"形。所以政府在制定环境规制政策时应加强灵活性，制定差异化政策，由此来推动地方企业转入自我创新的新型发展之路，使污染物排放更进一步缩小，最终实现企业的经济效益和地方环境保护共同发展。

2.3.5　环境规制对工业污染排放的影响效应研究

环境保护政策对工业企业的污染排放影响十分明显，当代学术界普遍认为环境规制对污染排放具有"倒逼"效应，意思就是，政府不断地提高对污染物排放的限制，工业企业想要保障自身的利益，就需要提升自身的技术能力，积极加强技术创新，最终实现工业污染排放有所降低（Fuenfgelt et al.，2016）。围绕环境规制的工业减排效应，Benoît 等（1996）对北美洲国家的造纸行业展开研究后指出，政府实施环境规制工具将明显减少地区污染。Hettige 等（2000）认为，越是对环境规制严格的地区，当地工业企业的污染排放就越少，所以可见环境规制对污染排放的影响是十分明显的。Cole 等（2005）分析了英国 20 世纪末期当地工业企业的排污指标，并且对当地环境的污染以及政府政策展开了实地调查研究，得出了环境规制促进污染减排的结论。可以看出，无论是从行业角度还是从国家（地区）角度，主流观点都认为环境规制与工业污染排放呈现负相关。

但也有部分学者依据"遵循成本"效应（Gray，1987），认为环境规制并不能有效抑制工业污染排放。例如，尹希果等（2005）对中国环保投资的实际成果展开了统计分析，结论是，多年来在我国的工业高速发展的背景下排污治污的实际效果并不明显。黎文靖和郑曼妮（2016）通过实地调查后指出，我国大多数城市在空气污染十分严重的压力下进行治理，最终大多数城市的治理成果并不佳。石庆玲等（2016）对中国不同时期的污染治理进行统计分析，认为虽然中国多次制定严苛的空气污染排放限制，但是其对污染物排放治理的实际效果并不显著。上文中的现象之所以出现，说明我国企业普遍生产技术不强，资源配置水平低，而一般市场需求平稳时，政府开展环境规制政策将导致企业原本的发展计划被打乱，最终导致企业的生产成本明显提升，抑制了其技术更新（Gray & Shadbegian，2003），所以这不仅将削弱企业创新意识和动力，更将导致企业为提升自己的利润而加大污染物排放（Funfgelt et al.，2016），从而抑制污染减排。

也有学者指出不同类型的环境规制办法所产生的最终效果有所不同，所以环境规制方法也分为正式与不正式两种，其中，正式环境规制一般为政府型或控制命令型环境规制，非正式环境规制又可分为公众参与型与市场调节型环境规制。往往传统的环境规制办法便是正式规制；而非正式规制使用在当正式环境规制缺失或强度较弱时，企业、非社会组织或公民将通过市场机制或社会舆论等方式促使污染减排的实现（Wheeler & Pargal，1995）。部分学者从实证方面肯定了非正式环境规制对工业污染减排的重要作用（Tietenberg，1998；Pitt et al.，2013），例如，Kathuria（2007）实证分析了非正式环境规制在印度工业污染控制中的作用，认为以环境新闻报道为主的外界舆论压力对企业污染减少具有实际意义。Langpap 和 Shimshack（2010）统计了美国公民对环境污染的诉讼，提出在美国等发达经济体，社会大众监督作为非正式环境规制因素在水污染治理方面发挥着显著的促进作用。Dong 等（2019）发现居民对环境的不满有利于政府合理制定监管策略，最终提升政府对环境的控制能力，促进污染减排。孙鳌（2009）认为，市场激励型工具在具体使用中具有一定限制，需要在信息交流通畅和健全的市场运作机制下进行，而对于中国这样的发展中经济体来说仍然是命令控制型工具效果更好。李永友和沈坤荣（2008）收集了不同省份的工业污染排放数据后指出，我国多个省份在采用排污收费的方法之后当地的污染排放都受到了有效的控制，而采用环保贷款等温和政策的地区其节能减排的效果并不佳。屈小娥（2018）通过研究后指出，大多数地区采用市场激励型和命令控制型手段都能起到一定的预计效果，而对于中国来说效果最不明显的工具是监管型规制政策。

同时，还有学者认为环境规制强度的加强会导致高污染企业被迫转移，由此来强行控制一个地区的受污染程度，并产生"污染避难所"效应（Copeland & Taylor，1994）。关于"污染避难所"效应的相关研究已在上节理论基础部分阐述，此处不再赘述。

2.3.6　环境规制政策的空间效应检验研究

当前，政策效应的检验较为前沿的研究方法主要是双重差分（DID）模型与空间双重差分（SDID）模型。传统 DID 模型的一个经典假设是个体处理效应稳定性假设（Stable Unit Treatment Value Assumption，SUTVA）。SUTVA 最重要的一点是，"处理组个体不会影响控制组个体"。换言之，在 SUTVA 框架下，整体中的任何个体并不会受到其他个体接受处理与否的影响。但随着地区间的交流越来越密切，政策的实施效果难免会有扩散效应。因此，由于空间性关系的存在，当不同空间单元之间存在空间溢出效应时，SUTVA 不再成立（Kolak & Anselin，2020）。此外，忽略空间相关性将导致标准误被低估，从而夸大系数的显著性（Ferman，2020）。为此，SDID 模型应运而生，SDID 模型引入空间滞后项与空间权重矩阵，剥离了空间相关性的影响。

当前，SDID 模型作为一种政策检验模型在国外学术界使用较多，在国内学术界尚处于摸索阶段。检验我国环境的政策主要有碳排放交易政策、低碳城市试点政策、能源示范城市政策与智慧城市政策等。Zhang 等（2021）建立了 SDID 模型来检验碳排放交易政策的溢出效应，最终显示，交易政策试验地区其能源利用效率优于其他地区，碳排放交易政策对提高能效总体水平具有显著的积极作用。Wang 等（2021）运用 SDID 模型检验碳排放交易对城市工业绿色全要素生产率的空间影响，结果表明，碳排放交易显著改善了试点城市的城市工业绿色全要素生产率，产生了空间溢出效应。Zhen 等（2021）使用 SDID 模型来检验碳交易政策对能源效率的影响，结果表明，随着时间和空间的变化，能源效率高的地区逐渐向中部和东部地区转移。同时，碳交易政策试点地区的能源效率明显高于非试点地区。Yan 等（2020）运用 SDID 模型实证检验了我国 30 个省份 267 个地级市排污权交易制度试点是否实现了对空气污染的协同治理效应，结果表明，我国的排污权交易制度试点对雾霾污染浓度水平具有显著的"降低效应"，只有广东省的政策对雾霾污染浓度有显著的负效应。Yu 和 Zhang（2021）研究了低碳城市政策对实际碳排放所造成的影响，结果表明：低碳城市试点政策将碳排放效率提高了 1.7%；纳入试点城市的碳排放效率是未纳入城市的 1.64 倍。Yang 等（2021）评估能源示范城市政策对环境污染的影响，通过 SDID 模型的实证结果可以看出，能源示范城市政策显著减少了约 28.83% 的废气排放量和 12.88% 的废水排放量。Zhen 等（2021）运用 SDID 模型探讨智慧城市建设对我国生态环境质量的影响，研究发现：从 2005 年到 2017 年，我国的智能城市计划分别减少了约 20.7% 的工业废气和 12.2% 的工业废水。

2.3.7　研究述评

世界学者对环境政策与污染的研究集中在：第一，环境规制定性、定量测度。其中，环境规制强度的定性测度包括专家赋值、问卷调查打分等；定量测度一般从赋值法、单一指标法及复合指标法几种类型进行考察，其中包括二氧化硫、废水、废气等污染的排放率、排污费用支出以及污染治理占生产总值的比重等。第二，污染排放强度计算。针对此方面，主要是将不同行业、不同地区的排放量进行统计，随后结合工业污染源的投资金额来评价其污染强度。第三，污染物空间分异与环境效率收敛研究。学者们普遍认为工业污染排放物存在空间异质性，环境效率逐步收敛。第四，环境治理对污染的具体影响。目前，学者普遍认为环境政策将通过调整产业结构、高效治理能源、推动技术更新来对环境污染产生影响。第五，环境规制对工业污染的影响效应。主流观点是环境规制能对工业污染产生"倒逼减排"效应；同时，也有学者认为"遵循成本"效应的存在，环境规制对工业污染没有影响；此外，还有学者指出不同类型环境规制工具的污染减排效应存在一定差异。第六，学者们利用双重差分模型或空间双重差分模型检验了不同环境规制政策的工业污染减排效果。

综上所述，关于环境规制对工业污染的影响已取得一定成果，可为本书的研究提供丰富的素材，但依然存在一定的局限性：首先，目前所有的相关研究基本都是从经济角度去考虑，而基于空间经济学与环境学等交叉学科、多种方法相结合的研究较少；其次，尽管学术界认识到生态文明建设中工业污染减排的重要性，但从空间经济学视角研究环境规制对工业污染影响机制的成果不多，还需从理论上进一步拓展；最后，关于环境规制对工业污染的影响研究，如果不将时间维度与空间维度加以考量，难以形成统筹、协调的环境规制模式。据此，本书围绕"空间分异与空间溢出视角下环境规制对工业污染排放的影响效应研究"这一选题，试图系统地揭示由于空间不同而出现的污染与治理之间的影响机制，探讨科学合理的工业污染减排调控模式，以便为制定环境规制政策提供科学、合理的政策建议，解决工业化进程中环境规制与工业污染时空不对称的问题。

3 环境规制与工业污染的
时空演变及特征事实

为了深层次研究环境规制对工业污染的作用机理与空间影响效应，首先应当获取环境规制强度与工业污染程度，分析环境规制与工业污染的空间相关性与时空演变，解析环境规制与工业污染的空间分异现状，并以此为特征事实，为后续的理论分析与实证检验做铺垫。为此，本章的具体研究路径为：环境规制强度测算→工业污染程度测算→环境规制强度空间相关性分析→工业污染空间相关性分析→环境规制时空演化→工业污染时空演化→环境规制与污染的重心迁移分析→环境规制与工业污染的空间分异分析。

3.1 环境规制与工业污染的测度

3.1.1 研究区概况与数据处理

3.1.1.1 研究区概况

根据数据的可获取性，为方便可视化观测，本书以我国 31 个省级行政区

（港澳台除外）为具体研究对象，以 2004—2019 年为时间序列，将全国所有研究省份分为七大自然地理分区①。具体划分如表 3.1 所示。

表 3.1 研究区区域划分

地区	省份
华北	北京市、天津市、河北省、山西省、内蒙古自治区
东北	黑龙江省、吉林省、辽宁省
华东	上海市、江苏省、浙江省、安徽省、江西省、山东省、福建省
华中	河南省、湖南省、湖北省
华南	广东省、广西壮族自治区、海南省
西南	重庆市、四川省、贵州省、云南省、西藏自治区
西北	陕西省、甘肃省、青海省、宁夏回族自治区、新疆维吾尔自治区、

3.1.1.2 数据来源

本书数据源自历年《中国城市统计年鉴》、EPS 数据库、马克数据网、Python 采集等。本章将从省域以及七大地理分区的区域层面来测算环境规制强度与工业污染指数，使用的是面板数据，选择的时间跨度为 2004—2019 年。我国澳门、香港、台湾以及西藏缺乏统计数据，不在研究范围之内。

3.1.1.3 数据缺失处理

由于此部分是省域面板数据，缺失的数据相对较少，仅海南省个别年份存在数据缺失。本书采用平滑法进行数据补充。

3.1.2 环境规制的测度与现状

3.1.2.1 环境规制强度的测算方法

当前，针对环境规制强度的量化，学术界还未有统一的定论，常见的测算方法有三种：其一是以定性指标为参考依据，主要是专家打分、政策解读等方式；

---

① 此划分依据为中学地理教材与高等院校地理专业师生使用的教材。

其二是直接选择定量指标进行表征，相较于第一种直接选择定量指标，此测算方法免去了主观因素的干扰，最终得到的结果更加精准；其三是定量指标测算，是指运用多个单一指标进行公式换算，整合成为一个综合性的定量指标。国内外学者针对环境强度的具体测算方法已在前文阐述，在此不再赘述。

由于数据的缺失，各省级行政区环境污染的投资总额仅更新至 2017 年，工业"三废"的去除率更新至 2014 年。更为重要的是，本书研究的应变量是工业污染，所以应当侧重于工业行业的规制强度。本书将工业废水治理设施本年运行费用、工业废气治理设施本年运行费用、各地区工业污染治理投资完成情况三项度量环境规制强度的指标标准化处理后加权平均，不仅保证了数据的完整性，而且准确刻画了工业污染领域环境规制的强度。计算方法为：

首先，将数据指标按 [0，1] 的取值范围来对所有数据做线性标准化处理：

$$UE_{ij}^x = \frac{[UE_{ij} - \min(UE_j)]}{[\max(UE_j) - \min(UE_j)]} \tag{3.1}$$

其中，UE_{ij} 为地区 i 设备 j 的运行费用；$\max(UE_j)$ 和 $\min(UE_j)$ 分别为设备运行费用 j 的最大值与最小值，而最终 UE_{ij}^x 得到的是该指标 j 的标准化值。

其次，将各个标准化后的值进行加权平均，最终得到了本书所需要的不同地区环境规制强度：

$$ER_i = \sum_{j=1}^{3} UE_{ij}^x / 3 \tag{3.2}$$

3.1.2.2 环境规制强度现状

本书截取了 2004 年与 2019 年两年 30 个省份环境规制强度数据，如表 3.2 所示。

表 3.2 2004 年、2019 年各地区环境规制强度

年份	排序	省份	环境规制强度	所属区域	年份	排序	省份	环境规制强度	所属区域	增减量	排序变化
2004	1	山东	−0.1101	华东地区	2019	1	山东	3.9467	华东地区	4.0569	不变
2004	2	广东	−0.3719	华南地区	2019	2	江苏	3.5019	华东地区	3.9566	+1

续表

年份	排序	省份	环境规制强度	所属区域	年份	排序	省份	环境规制强度	所属区域	增减量	排序变化
2004	3	江苏	−0.4548	华东地区	2019	3	浙江	2.1308	华东地区	2.7970	+7
2004	4	辽宁	−0.4628	东北地区	2019	4	湖北	1.9469	华中地区	2.6670	+7
2004	5	福建	−0.5037	华东地区	2019	5	河北	1.9161	华北地区	2.5152	+3
2004	6	四川	−0.5116	西南地区	2019	6	广东	1.7066	华南地区	2.0785	−4
2004	7	山西	−0.5220	华北地区	2019	7	山西	1.0705	华北地区	1.5926	不变
2004	8	河北	−0.5991	华北地区	2019	8	河南	1.0228	华中地区	1.6534	+1
2004	9	河南	−0.6307	华中地区	2019	9	内蒙古	0.6998	华北地区	1.5368	+14
2004	10	浙江	−0.6662	华东地区	2019	10	安徽	0.6618	华东地区	1.4021	+2
2004	11	湖北	−0.7201	华中地区	2019	11	辽宁	0.5766	东北地区	1.0394	−7
2004	12	安徽	−0.7403	华东地区	2019	12	陕西	0.3075	西北地区	1.1218	+7
2004	13	湖南	−0.7555	华中地区	2019	13	四川	0.2524	西南地区	0.7639	−7
2004	14	天津	−0.7775	华北地区	2019	14	上海	0.2366	华东地区	1.0294	+1
2004	15	上海	−0.7929	华东地区	2019	15	江西	0.0929	华东地区	0.8936	+1
2004	16	江西	−0.8007	华东地区	2019	16	福建	0.0662	华东地区	0.5699	−11
2004	17	甘肃	−0.8028	西北地区	2019	17	新疆	0.0596	西北地区	0.9165	+11
2004	18	云南	−0.8112	西南地区	2019	18	天津	−0.0478	华北地区	0.7297	−4
2004	19	陕西	−0.8143	西北地区	2019	19	云南	−0.1888	西南地区	0.6223	−1
2004	20	北京	−0.8188	华北地区	2019	20	广西	−0.3002	华南地区	0.5432	+5
2004	21	黑龙江	−0.8247	东北地区	2019	21	湖南	−0.3175	华中地区	0.4380	−8
2004	22	宁夏	−0.8328	西北地区	2019	22	贵州	−0.3618	西南地区	0.4854	+5
2004	23	内蒙古	−0.8370	华北地区	2019	23	宁夏	−0.4146	西北地区	0.4182	−1
2004	24	重庆	−0.8412	西南地区	2019	24	黑龙江	−0.4385	东北地区	0.3862	−3
2004	25	广西	−0.8433	华南地区	2019	25	重庆	−0.5185	西南地区	0.3228	−1
2004	26	吉林	−0.8436	东北地区	2019	26	甘肃	−0.5244	西北地区	0.2784	−9
2004	27	贵州	−0.8472	西南地区	2019	27	吉林	−0.5288	东北地区	0.3148	−1
2004	28	新疆	−0.8569	西北地区	2019	28	青海	−0.7637	西北地区	0.1586	+1
2004	29	青海	−0.9223	西北地区	2019	29	北京	−0.7918	华北地区	0.0270	−9
2004	30	海南	−0.9289	华南地区	2019	30	海南	−0.8226	华南地区	0.1063	不变

注：表格中增减量与排序变化是 2019 年对应 2004 年。

资料来源：作者绘制。

对比 2004 年与 2019 年两年数据可以看出，全国 30 个省份的环境规制强度均是增强的。山东作为东部地区的经济、人口大省,环境规制强度稳居第一,且增长值最高①,16 年间其环境规制强度增长了约 4.06。海南作为我国岛屿省份,土地面积小、人口总量低、经济体量小,其环境规制强度全国最低,且增幅缓慢,16 年间其环境规制强度仅增长了约 0.1063。从排序变化来看,内蒙古、新疆两个自治区排序上升最大,分别上升了 14 位与 11 位,这或许是由于近年来中央政府开始逐步重视胡焕庸线②以西的污染治理。福建环境规制强度下落最为明显,这可能是由于福建省森林覆盖率高居全国第一,具有良好的生态环境;且福建省主导产业是电子信息产业、高端装备制造业等战略性新兴产业,工业污染排放低,所以环境规制强度相对放缓(徐志伟,2020)。

如图 3.1 所示,七大区域分阶段来看,2004 年,七大区域环境规制强度均低于-0.5,且差异较小,这是因为我国于 2001 年才加入 WTO,沿海地区与内陆地区经济差异尚且较小,环境治理投入力度相对差异也较小。2005 年之后,华东地区开始崛起,增速最快,华北地区、东北地区、华东地区与华南地区也保持着较快的增速,唯有西南地区、西北地区等西部区域增速较慢;由此也可以看出,在市场化改革逐渐深化之后,市场经济致使不同地区的发展增速有了较大变化,沿海地区经济飞速崛起,中部区域紧随其后,西部偏远区域经济、社会水平发展缓慢,符合现实特征。2008—2010 年,受美国次贷危机与世界金融危机的影响,我国经济面临较大的下行压力,七大区域环境规制强度的增速均有不同幅度的下跌,但仍保持小幅度增加,这可以看出,我国应对世界金融风险具有较好的抗压能力,也从侧面体现出我国特色社会主义经济制度的优越性;其中,华东地区受影响程度最小,环境规制强度仍保持全国最高水平,这是因为东部地区经济发展已经到了新时期,应当从原本粗放型经济转向为高质量发展,所以环境规制强度有所提高。2012—2014 年,七大区域环境规制强度均稳步上升;2015—2018 年,除华东地区外,其余六大地区呈波浪式小幅度上升;2019 年,全国七大区域环

---

① 由于基期 2004 年数据为负,计算增长率不具备参考意义,所以计算其增长值。

② 我国地理学家胡焕庸在 1935 年提出的划分我国人口密度的对比线,将在后文章节以 GIS 地图形式展现。

境规制强度又有抬头提速的趋势。从全局来看，西北、西南、东北等地区环境规制强度最弱，且涨幅缓慢，截至 2019 年，西北、西南、东北三个地区环境规制强度都低于 0[①]，呈现收敛趋势，且增势缓慢。华东地区作为我国综合经济发展水平最高的地区，人口占我国 30%，GDP 占全国 40% 以上，其环境规制强度也一枝独秀，从 2004 年至 2019 年，16 年间环境规制强度始终处于全国最高水平，除了 2010 年、2017 年与 2018 年小幅度下跌，其他年份都是迅猛增长。华南、华北地区呈波浪式增长，整体表现较为平缓。值得注意的是，华中地区自 2019 年超过华北地区之后，环境规制强度位列全国第二，且有剧烈增长的趋势，与华东地区的差距进一步缩小。

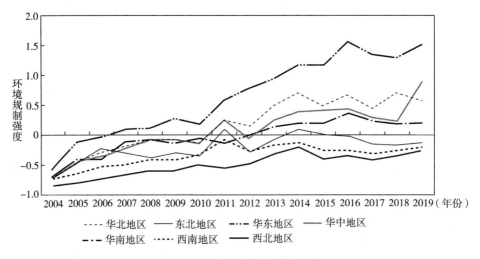

图 3.1　七大区域环境规制强度

资料来源：作者绘制。

3.1.3　工业污染的测算与现状

3.1.3.1　工业污染指数的测算方法

为综合测算工业污染指数，保证结果的真实性与数据的可获取性，本书引用

---

① 数据作了标准化处理，所以环境规制强度会出现负数。

屈小娥（2012）的污染指数测算方法。具体测算评估方法如下：

将评价对象（30 个省份）S_1，S_2，$\cdots$，S_n，取评价指标 X_1，X_2，$\cdots$，X_m（为保证本书所研究的内容更为全面，本书选择了四类工业污染排放物作为参考指标，分别为工业二氧化硫排放、废水排放、粉尘排放、固体废弃物排放），且按时间顺序 t_1，t_2，$\cdots$，t_T 获得的原始资料 $\{x_{ij}(t_k)\}$ 最终形成时序立体数据（见表3.3）。

表3.3 时序立体数据

	t_1			$\cdots$	t_T		
	X_1，X_2，$\cdots$，X_m			$\cdots$	X_1，X_2，$\cdots$，X_m		
S_1	$X_{11}(t_1)X_{12}(t_1)\cdots X_{1m}(t_1)$			$\cdots$	$X_{11}(t_N)X_{12}(t_N)\cdots X_{1m}(t_N)$		
S_2	$X_{21}(t_1)X_{22}(t_1)\cdots X_{2m}(t_1)$			$\cdots$	$X_{21}(t_N)X_{22}(t_N)\cdots X_{2m}(t_N)$		
$\vdots$	$\cdots$			$\cdots$	$\cdots$		
S_n	$X_{n1}(t_1)X_{n1}(t_1)\cdots X_{nm}(t_1)$			$\cdots$	$X_{n1}(t_N)X_{n1}(t_N)\cdots X_{nm}(t_N)$		

表3.3表示的是动态综合评价，为：

$$y_i(t_k)=f(\lambda_1(t_k)，\lambda_2(t_k)，\cdots，\lambda_m(t_k)，x_{i2}(t_k)，\cdots，x_m(t_k)) \quad (3.3)$$

其中，$k=1$，2，$\cdots$，T；$i=1$，2，$\cdots$，n；$y_i(t_k)$ 为 S_i 在 t_k 时的综合评价值。

第一，要使 $\{x_{ij}(t_k)\}$ 完成无量纲化，实现数据表达的一致性，所以：

$$\zeta = \frac{x_{ij}(t_k)-x_j(t_k)}{\sigma_j t_k} \quad (3.4)$$

其中，ζ 是无量纲化处理后的指标值，而 $\{x_{ij}(t_k)\}$ 表示的是 i 个省份在 t_k 时的 j 个污染物，而 $\overline{x_j(t_k)}$ 是 t_k 时刻 j 污染物均值，$\sigma_j t_k$ 是 t_k 时刻 j 污染物标准差。

第二，得到 t_k 综合评价函数：

$$y_i(t_k) = \sum_{j=1}^{m} \lambda_i x_{ij}(t_k)，k = 1，2，\cdots，T；i = 1，2，\cdots，n \quad (3.5)$$

其中，λ_i 是实现综合评价的关键核心，所以我们需要确定不同指标的 λ_i。

"纵横向"权重计算如下：

令矩阵 $H_k = X_k^T X_k (k = 1, 2, \cdots, T)$，$H = \sum_{K=1}^{T} H_k$ 为 $m \times n$ 阶对称矩阵。

第三，计算实对称矩阵：

$$X_k = \begin{bmatrix} x_{11}(t_k) & \cdots & x_{1m}(t_k) \\ \cdots & \cdots & \cdots \\ x_{n1}(t_k) & \cdots & x_{nm}(t_k) \end{bmatrix}, \quad K = 1, 2, \cdots, T$$

确定权重系数：$\lambda = (\lambda_1, \lambda_2, \cdots, \lambda_m)^T$。

依照上述权重计算方法式（3.5）中的函数 $y_i(t_k)$，根据 $y_i(t_k)$ 结果来对分析对象进行大小排序，也就是记 r_{ik} 为样本在 t_k 时刻的顺序 S_i，最终得到的 S_i 顺序是：$r_{maxi} = \max_k \{r_{ik}\} - \min_k \{r_{ik}\}$，$k = 1, 2, \cdots, N$。依照 r_{maxi} 最终得出不同类型的样本在其各自时间的同一水平，这一方法从"横向"角度看我们获得时刻 t_k（$k = 1, 2, \cdots, T$）在不同系统的差距，但从"纵向"角度看我们也可获知各个系统的总分布态势；不管是时序立体还是截面数据，所得到的最终结果都可以放在一起比对，避免了主观判断所带来的问题，而依赖矩阵 H 的权重系数向量 λ_j 不具有可继承性。

利用"纵横向"拉开档次法，对全国 30 个省份 2004—2019 年的污染水平展开测算，利用 MATLAB2019b 软件处理矩阵，得到被选择污染物的综合权重 λ_j，随后再对这些向量进行统一处理，最终得出各个地区的工业污染水平，指数越大说明污染越严重。

3.1.3.2 工业污染指数现状

表 3.4 展示了 2004 年与 2019 年两年的计算结果与排序变化。

表 3.4　2004 年与 2019 年各地区工业污染指数

年份	排序	省份	污染指数	所属区域	年份	排序	省份	污染指数	所属区域	增减量	排序变化
2004	1	河北	0.7848	华北地区	2019	1	山东	0.6800	华东地区	0.0974	+2
2004	2	江苏	0.6491	华东地区	2019	2	江苏	0.6635	华东地区	0.0144	不变

续表

年份	排序	省份	污染指数	所属区域	年份	排序	省份	污染指数	所属区域	增减量	排序变化
2004	3	山东	0.5826	华东地区	2019	3	内蒙古	0.6593	华北地区	0.3374	+12
2004	4	河南	0.5700	华中地区	2019	4	广东	0.5540	华南地区	0.0604	+4
2004	5	山西	0.5237	华北地区	2019	5	辽宁	0.5271	东北地区	0.0970	+6
2004	6	湖南	0.5025	华中地区	2019	6	山西	0.5174	华北地区	-0.0063	-1
2004	7	四川	0.4971	西南地区	2019	7	河北	0.5154	华北地区	-0.2694	-6
2004	8	广东	0.4936	华南地区	2019	8	福建	0.4351	华东地区	0.1547	+9
2004	9	广西	0.4591	华南地区	2019	9	河南	0.4125	华中地区	-0.1575	-5
2004	10	浙江	0.4318	华东地区	2019	10	安徽	0.4058	华东地区	0.0839	+4
2004	11	辽宁	0.4301	东北地区	2019	11	浙江	0.4026	华东地区	-0.0292	-1
2004	12	湖北	0.3416	华中地区	2019	12	云南	0.3916	西南地区	0.2047	+8
2004	13	江西	0.3263	华东地区	2019	13	江西	0.3892	华东地区	0.0630	不变
2004	14	安徽	0.3219	华东地区	2019	14	广西	0.3595	华南地区	-0.0996	-5
2004	15	内蒙古	0.3219	华北地区	2019	15	四川	0.3570	西南地区	-0.1401	-8
2004	16	陕西	0.2864	西北地区	2019	16	湖北	0.2813	华中地区	-0.0602	-4
2004	17	福建	0.2805	华东地区	2019	17	新疆	0.2770	西北地区	0.1607	+8
2004	18	重庆	0.2604	西南地区	2019	18	陕西	0.2680	西北地区	-0.0184	-2
2004	19	贵州	0.2275	西南地区	2019	19	贵州	0.2343	西南地区	0.0068	不变
2004	20	云南	0.1869	西南地区	2019	20	湖南	0.2325	华中地区	-0.2699	-14
2004	21	黑龙江	0.1670	东北地区	2019	21	甘肃	0.2214	西北地区	0.0782	+1
2004	22	甘肃	0.1432	西北地区	2019	22	黑龙江	0.2198	东北地区	0.0528	-1
2004	23	上海	0.1359	华东地区	2019	23	吉林	0.1710	东北地区	0.0492	+1
2004	24	吉林	0.1218	东北地区	2019	24	宁夏	0.1697	西北地区	0.1024	+2
2004	25	新疆	0.1163	西北地区	2019	25	青海	0.1288	西北地区	0.0957	+4
2004	26	宁夏	0.0673	西北地区	2019	26	重庆	0.1231	西南地区	-0.1373	-8
2004	27	天津	0.0583	华北地区	2019	27	上海	0.0508	华东地区	-0.0851	-4
2004	28	北京	0.0506	华北地区	2019	28	天津	0.0362	华北地区	-0.0221	-1
2004	29	青海	0.0331	西北地区	2019	29	海南	0.0066	华南地区	0.0022	+1
2004	30	海南	0.0043	华南地区	2019	30	北京	0.0019	华北地区	-0.0487	-2

注：表格中增减量与排序变化是 2019 年对应 2004 年。

资料来源：作者绘制。

根据表 3.4 可以看出，2004—2019 年，16 年间国内各省份工业污染指数变动较为明显。排序方面，仅有江苏、江西、贵州三省保持不变，其他省份均发生了排序变化。其中，多数省份工业污染指数在逐步增长，例如，山东、内蒙古、广东、辽宁 16 年间工业污染指数分别增长 0.0974、0.3374、0.0604、0.0970。但传统"污染大省"，山西、河北、河南等地工业污染指数在减小，相较于 2004 年的数值，分别减小了-0.0063、-0.2694 与-0.1575，位次分别降低了 1 位、6 位、5 位，可以看出我国的工业污染重心正在发生转移，同时，也表明传统工业污染省份治污成效明显。值得注意的是，华北地区的北京、天津两个直辖市虽然雾霾与 $PM_{2.5}$ 污染严重，但工业污染程度相对较低，2019 年分别位于倒数第一与倒数第三的位次。

如图 3.2 所示，七大区域分阶段来看，2004—2019 年，除西北地区外，其他六大区域工业污染指数变化并不明显，华中地区有明显下降，华北、西南、华南三个地区 2019 年工业污染指数与 2004 年基本持平。东北、华东地区有小幅度上涨，华南地区有小幅度下降。2004—2008 年，华北、东北、华东、华中、华南、西南六个地区的工业污染指数均表现出波段性平缓上升的趋势。2009 年起，六个地区工业污染指数开始出现下跌趋势，特别是 2011 年，多地（华南、华中、

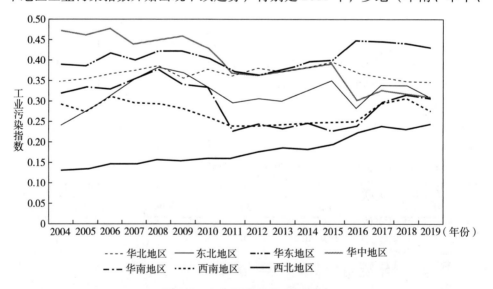

图 3.2　七大区域工业污染指数

资料来源：作者绘制。

东北地区）出现断崖式下跌。我们推测，2011 年是环保部发布《"十二五"全国环境保护法规和环境经济政策建设规划》实施的第一年，此次政策建设规划首次提出排污权有偿使用和交易制度与生态污染补偿制度，有效遏制了工业污染的排放。此后的 2011—2016 年，工业污染指数变动并不显著，但在 2016 年六个地区也都表现出回弹。西北地区较为特殊，虽然 2004—2019 年其工业污染指数始终低于其他六个地区，但始终处于增长的态势，截至 2019 年，西北地区有超越西南地区的趋势。

3.2　环境规制与工业污染的空间相关性分析

地理学的观点认为，同一三维空间内所有的物质彼此间都存在着联系，并且两个物质距离越近则关联性越高（Tobler，1970）。基于此，我国各省份的工业生产活动之间都存在空间效应，各省份之间的环境规制强度与工业污染从地域的角度看彼此之间还有着明显的相互作用。地域之间的这种联系也是空间计量经济学存在的基础，从学术角度体现了空间的异质性与依赖性（Talen & Anselin，1998）。空间计量经济学在应用中首先打破了传统计量学的理论概念，它认为各个变量间彼此并不是绝对独立的，所以其在应用中要考虑地理区位因素，将空间效应考虑到区域间的空间互相影响当中。根据空间计量经济学的理论基础，本节将对我国环境规制强度与工业污染程度之间的空间关联进行分析，揭示我国不同地区之间的空间关联，为后续的理论分析，以及空间分异、空间收敛、空间溢出实证分析提供现实依据。

3.2.1　环境规制的空间相关性检验

检验环境规制强度的空间相关性就是从空间层面来分析我国各个地区环境规制

强度的空间相关性。本书将选择空间数据分析法（ESDA），将其作为检验相关性的方法，该方法也是目前研究空间问题常见的模型方法（Ertur & Koch，2006）。具体研究中将其分为两类：第一是全局自相关，利用 Moran 指数检验，分析的是整个系统内的相关关系；第二是局部自相关，使用 Moran's I 散点图和 LISA 进行检验。

3.2.1.1　环境规制强度的全局自相关

Moran 公式：

$$I = \frac{\sum\limits_{i=1}^{n} \sum\limits_{j\neq1}^{n} W_{ij}(X_i - \overline{X})(X_j - \overline{X})}{\sum\limits_{i=1}^{n} \sum\limits_{i\neq j}^{n} W_{ij}(X_j - \overline{X})^2} \tag{3.6}$$

其中，I 为 Moran's I 指数的最终结果；X_i、X_j 分别作为整个集合当中的第 i、j 个个体观测值；n 为选择数量；$\overline{X}$ 为样本平均值；W_{ij} 为矩阵的第 i 行第 j 列。式（3.6）当中 I 取值范围为 $[-1，1]$ 且 $I>0$ 区间内，空间整体为正相关；但当 $I<0$，说明空间为负相关关系。该值越大说明相关性越强。

权重矩阵 W 选用 0-1 邻接矩阵，即：

$$W_{ij} = \begin{cases} 1，& \text{若地区 } i \text{ 与地区 } j \text{ 在地理位置上相邻} \\ 0，& \text{若地区 } i \text{ 与地区 } j \text{ 在地理位置上不相邻} \end{cases} \tag{3.7}$$

采用 ArcGIS10.7 计算工业污染全局 Moran's I 指数，如表 3.5 所示。

表 3.5　环境规制强度全局 Moran's I 指数

年份	Moran's I	P-value	Z 值	年份	Moran's I	P-value	Z 值
2004	0.119	0.001	4.545	2012	0.233	0.018	4.852
2005	0.121	0.001	4.545	2013	0.259	0.016	3.952
2006	0.127	0.001	6.451	2014	0.287	0.021	4.548
2007	0.115	0.001	4.551	2015	0.291	0.018	5.181
2008	0.167	0.001	5.541	2016	0.312	0.018	6.512
2009	0.207	0.001	3.551	2017	0.318	0.001	6.015
2010	0.209	0.001	3.178	2018	0.323	0.001	5.515
2011	0.218	0.015	4.895	2019	0.328	0.015	4.541

从计算结果发现，我国各地区环境规制强度 Moran's I 指数值在统计时间内均超过 0，并显著通过了水平检验，所以可知我国各个地区环境规制强度存在明显的空间依赖性。环境规制强度全局 Moran's I 值介于 0.119 和 0.328，并且这一数值处于不断提升中，说明长期以来我国的环境规制在空间分布上是有迹可循而非随机分布的，也证明了环境规制严格的地区彼此之间集聚效应显著，而环境规制强度较低的地区也趋向于空间聚集。

3.2.1.2 环境规制强度的局部空间自相关散点图

虽然全局自相关指数可以凸显研究区域的总体变量与周围空间单元的差异程度，但局部区域的空间相关性差异却难以发掘。局部空间自相关指数则可以有效地揭示空间参考单元与其相邻单元之间的空间相关性。

Anselin 和 Rey（1991）认为，由于区域间的空间自相关指数可能会遗漏区域内的"非典型"特性，甚至会呈现与整体空间相关性指数相反的情况，所以运用空间关联局部指标对空间关联局部特征进行分析是非常必要的。LISA（Local Indicators of Spatial Association）是空间 Moran's I 指数的缩写，它表示不同时间相关性强的区域数量是否会随时间的推移而增加，而 i 的局域 Moran's I 指数说明这个地区 i 与附近的关联程度，其公式为：

$$I = \frac{\sum_{i=1}^{n} \sum_{j=1}^{n} w_{ij}(A_i - \overline{A})(A_j - \overline{A})}{S^2 \sum_{i=1}^{n} \sum_{j=1}^{n} w_{ij}} \tag{3.8}$$

其中，I 为相关性指数，$S^2 = \frac{1}{n} \sum_{i=1}^{n} (A_i - \overline{A})^2$，$\overline{A} = \frac{1}{n} \sum_{i=1}^{n} A_i$，$A_i$ 是 i 个地区观测值，n、w 分别为样本量和空间权重矩阵。当 $I>0$ 时，表明环境规制高的地区容易形成集聚，环境规制低的地区也容易形成集聚，分别记为"高—高"或"低—低"；当 $I<0$ 时，表明高值区域围住了低值区域，标记为"低—高"和"高—低"。结合 LISA 指数检测结果可知，中国环境污染在部分地区是否有着同一值聚集的情况，局部 Moran's I 散点图能将不同省份的集聚状况转换成不同象限的关联模式。

图 3.3 直观地刻画了 2004 年、2009 年、2014 年和 2019 年我国环境规制强度的 Moran's I 指数散点图，由此可知，在不同年份我国不同地区的局部相关性情况。

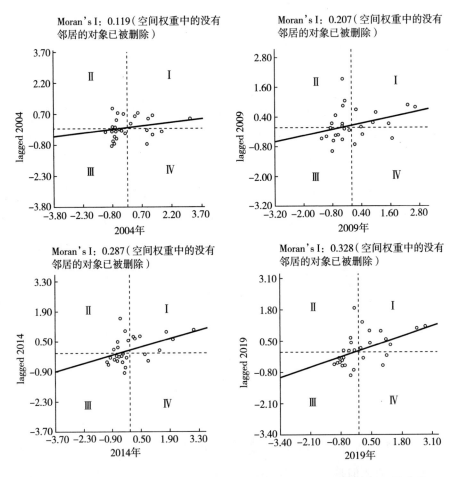

图 3.3　环境规制强度 2004 年、2009 年、2014 年、2019 年 Moran's I 散点图

资料来源：作者绘制。

在 Moran's I 指数散点图中，数据都被统一标准化，其中横坐标显示的是环境规制强度的当期值，纵坐标则表示的是环境规制强度的滞后期值。在这当中 Moran's I 散点图的不同象限表示的是指不同的相关类型。比如第 I 象限与第 III

象限指的是空间之间存在正相关关系，由此可知相同环境规制水平的地区其周围环境规制水平与自己类似；而第Ⅱ象限和第Ⅳ象限指的是空间的负相关关系，也就是相同环境规制水平的地区其周围环境规制水平与自己不一致。各省份在2004年、2009年、2014年与2019年集聚情况如表3.6所示。

表3.6 环境规制强度 Moran's I 指数散点图所对应的区域

象限	2004 年	2009 年	2014 年	2019 年
"高—高"聚集	福建、浙江、河南、河北、江苏、山东	河北、山西、辽宁、江苏、浙江、山东、河南	河北、山西、辽宁、江苏、浙江、山东、河南	河北、山西、辽宁、江苏、浙江、安徽、山东、河南
"低—高"聚集	上海、北京、安徽、广西、江西	北京、上海、安徽、福建、江西、广西	北京、天津、吉林、上海、安徽、福建、江西	北京、天津、上海、福建、江西
"低—低"聚集	云南、内蒙古、吉林、天津、宁夏、新疆、湖北、湖南、甘肃、贵州、重庆、陕西、青海、黑龙江	天津、内蒙古、吉林、黑龙江、湖南、重庆、贵州、云南、陕西、甘肃、青海、宁夏、新疆	黑龙江、湖北、湖南、广西、重庆、四川、贵州、云南、陕西、甘肃、青海、宁夏、新疆	吉林、黑龙江、湖南、广西、重庆、四川、贵州、云南、陕西、甘肃、青海、宁夏、新疆
"高—低"聚集	四川、山西、广东、辽宁	湖北、广东、四川	内蒙古、广东	内蒙古、湖北、广东

注：海南在计算空间邻接权重（Queen 邻接）时无邻域。

资料来源：作者绘制。

3.2.1.3 环境规制强度局部自相关 LISA 分析

Moran's I 指数散点图可以直观地呈现我国 30 个省级行政区与邻近地区在集聚问题上的性质，但是无法证明局域之间存在空间相关性，所以需要再进一步用 Local Moran's I 指数来证明局域之间的空间显著性，由此来更直观地得到各个不同空间之间的交互作用。此外，局部地区 LISA 水平显著并处于"高—高"态势时，说明这一部分地区的环境规制强度与邻近地区呈现空间正相关关系，是环境规制强度的一个中心，在这个区域当中不仅单独个体的环境规制力度高，同时由于溢出效应的原因，其周围地区的水平同样较高。局部地区 LISA 水平显著但处于"低—低"态势时，说明一个地区与其邻近地区的环境规制也存在正相关关系，但是其是更低的一个中心，自身的环境规制水平不高，对周围的环境规制强度也造成了消极影响，导致周围环境规制水平更低。局部地区 LISA 水平显著但表现出变动集聚性时，说明该区域与相邻地区的关系是负相关的，也就是如果该地区的环境规制是高水平，则会导致相邻其他地区是低水平的。

3.2.2　工业污染的空间相关性检验

3.2.2.1　工业污染的全局自相关

由式（3.6），综合 2004—2019 年不同省份的工业污染情况，最终得到其 Moran 指数。从表 3.7 我们可知，工业污染指数的 Moran 指数均为正值，且 P 值均≤0.001，Z 值均大于 2.58，因此可以说工业污染 99% 的置信度是集聚分布的。细分来看，2004~2014 年 Moran's I 指数处于增长态势，从总体上看，这说明污染的空间依赖性较高，工业污染空间集聚加剧；2015—2019 年有所减弱，但截至 2019 年，工业污染指数的 Moran's I 指数仍高达 0.218，说明 2004—2019 年，我国 30 个省级行政区的工业污染存在空间正相关效应，即我国工业污染存在空间集聚现象。

表 3.7　工业污染指数全局 Moran's I 指数

年份	Moran's I	P-value	Z 值	年份	Moran's I	P-value	Z 值
2004	0.272	0.001	3.455	2012	0.318	0.001	5.451
2005	0.274	0.001	4.365	2013	0.325	0.004	5.142
2006	0.283	0.001	4.362	2014	0.327	0.001	4.958
2007	0.289	0.009	5.415	2015	0.311	0.001	5.742
2008	0.296	0.001	4.362	2016	0.287	0.001	5.145
2009	0.299	0.001	5.215	2017	0.251	0.001	5.641
2010	0.307	0.001	4.684	2018	0.234	0.007	5.122
2011	0.306	0.001	4.841	2019	0.218	0.001	4.965

资料来源：作者绘制。

3.2.2.2 环境规制强度的局部空间自相关 Moran's I 指数散点图

采用 2004 年、2009 年、2014 年与 2019 年工业污染的局部 Moran's I 指数进行对比研究，图 3.4 直观地刻画了 2004 年、2009 年、2014 年和 2019 年我国工业污染的 Moran's I 指数散点图。

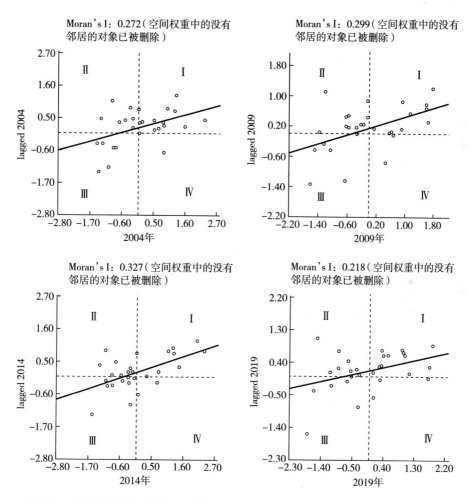

图 3.4 工业污染指数 2004 年、2009 年、2014 年、2019 年 Moran's I 指数散点图

资料来源：作者绘制。

以 2004 年为例，第 I 象限（"高—高"集聚）的省份包括辽宁、山东、河南、广西等，这些地区工业污染排放水平高且邻近地区工业污染排放也高；第 III

象限（"低—低"集聚）属于空间正相关关系，省份包括，甘肃、黑龙江、吉林、内蒙古、宁夏、青海、新疆，这些地区工业污染排放水平低且邻近地区工业污染水平也低；第Ⅱ象限（"低—高"集聚）的有上海、福建、天津、云南、重庆等，这些地区工业污染排放水平低但邻近地区工业污染排放高；第Ⅳ象限（"高—低"集聚）属于空间负相关关系，仅有四川位于此象限，表示此地工业污染排放水平高但邻近地区工业污染排放水平低。2004年、2009年、2014年与2019年集聚具体情况如表3.8所示。

表3.8　工业污染指数 Moran's I 指数散点图所对应的区域

象限	2004年	2009年	2014年	2019年
"高—高"聚集	广东、广西、河北、河南、湖北、湖南、江苏、江西、辽宁、山东、山西、浙江	广东、河北、河南、江苏、辽宁、内蒙古、山东、山西、浙江	河北、河南、江苏、辽宁、内蒙古、山东、山西	安徽、福建、广东、广西、河北、河南、江苏、江西、辽宁、山东、山西、浙江
"低—高"聚集	安徽、北京、福建、贵州、陕西、上海、天津、云南、重庆	安徽、北京、福建、贵州、黑龙江、湖北、吉林、江西、陕西、上海、天津、云南	安徽、北京、福建、黑龙江、吉林、江西、陕西、上海、天津	黑龙江、吉林、宁夏、陕西、上海
"低—低"聚集	甘肃、黑龙江、吉林、内蒙古、宁夏、青海、新疆	甘肃、宁夏、青海、新疆、重庆	甘肃、广西、贵州、湖北、湖南、宁夏、青海、新疆、云南、重庆	北京、甘肃、贵州、湖北、湖南、青海、天津、新疆、重庆
"高—低"聚集	四川	广西、湖南、四川	广东、四川、浙江	内蒙古、四川、云南

注：海南在计算空间邻接权重（Queen 邻接）时无邻域。

资料来源：作者绘制。

3.3　环境规制与工业污染的时空演变特征

根据前文对环境规制强度与工业污染的测算及空间相关性分析，得出我国30个省份的环境规制强度与工业污染均为正相关关系。本书将分析环境规制强度与工业污染的时空演变特征，厘清这两者的演变趋势。

3.3.1　冷点—热点分析法

为了整理出中国不同地区环境规制和污染的演变与分布，本书借助 ArcGIS 软件来获得目标城市的 Getis-Ord Gi* 参数，根据环境规制的特性与工业排放相结合，用自然断点法将地区划分为四大类，分别是热点、冷点、次热、次冷点；再将不同类型可视化处理。Getis-Ord Gi* 指数计算方法为：

$$G_i^*(d) = \sum_{i=1}^{n} W_{ij}(d) P_i \bigg/ \sum_{i=1}^{n} P_i \qquad (3.9)$$

其中，P_i 为地区 i 的观测值，W_{ij} 为 rook's 邻接空间权重矩阵。

3.3.2　环境规制冷点—热点地理分布

根据冷点—热点计算结果，2004 年、2009 年、2013 年与 2019 年环境规制强度的冷点—热点分析结果如表 3.9 至表 3.12 所示。2004 年，我国环境规制强度热点地区为江苏、浙江、上海、安徽、湖北与辽宁，可以看出，长三角地区作为我国经济的重心也是环境规制强度的热点地区。次热点地区是内蒙古、吉林、河北、北京、天津、陕西、山西、河南、山东、江西与福建。次冷点地区是宁夏、重庆、湖南、黑龙江等。冷点地区是新疆、云南等地。分区域来看，华东、华北、华中大部分地区都是热点与次热点地区，在胡焕庸线以西，西北与西南地区都是冷点地区。整体来看，环境规制强度呈现"东高—西低""北高—南低"的空间特征。2009 年，环境规制强度冷点—热点分布如表 3.10 所示，与 2004 年相比，环境规制强度的冷点—热点分布相对变化不大，仅有华东地区的江西从次热点地区变为热点地区，宁夏从次冷点地区降为冷点地区。环境规制强度热点地区与次热点地区依旧集中在胡焕庸线以东，西北与西南地区多数仍是冷点与次冷点地区。2014 年，环境规制强度热点地区有向华东、华北沿海地区集聚的趋势，主要集中在辽宁、北京、天津、河北、山东、江苏、浙江、上海、安徽等地。值得一提的是，热点集聚地区的湖北、江西降为次热点地区。截至 2019 年，除去数据缺失的西藏，胡焕庸线以西的西南、西北地区环境规制强度全部为冷点地区。东北地区在 2004 年、2009 年与 2014 年为热点、次热点地区，在 2019 年，除辽宁外，全部退为冷点与次冷点地区。

表3.9　2004年环境规制强度冷点—热点分布

冷点区 （−1.648796~−0.663033）	次冷点区 （−0.663032~0.375981）	次热点区 （0.375982~1.436550）	热点区 （1.436551~2.495077）
新疆维吾尔自治区	宁夏回族自治区	内蒙古自治区	辽宁省
青海省	黑龙江省	陕西省	湖北省
甘肃省	重庆市	山西省	安徽省
四川省	湖南省	河北省	江苏省
云南省	广西壮族自治区	北京市	浙江省
贵州省	广东省	天津市	上海市
	海南省	河南省	
		山东省	
		吉林省	
		江西省	
		福建省	

资料来源：作者绘制。

表3.10　2009年环境规制强度冷点—热点分布

冷点区 （−1.758901~−1.103694）	次冷点区 （−1.103693~0.114770）	次热点区 （0.114771~1.602510）	热点区 （1.602511~2.749528）
新疆维吾尔自治区	宁夏回族自治区	内蒙古自治区	辽宁省
青海省	黑龙江省	陕西省	湖北省
甘肃省	重庆市	山西省	安徽省
四川省	广西壮族自治区	河北省	江苏省
云南省	广东省	北京市	浙江省
新疆维吾尔自治区	海南省	天津市	上海市
	贵州省	河南省	山东省
		吉林省	江西省
		福建省	
		湖南省	

资料来源：作者绘制。

表 3.11   2014 年环境规制强度冷点—热点分布

冷点区 (−1.961094～−1.342478)	次冷点区 (−1.342477～0.266865)	次热点区 (0.266866～1.479874)	热点区 (1.479875～2.293025)
青海省	黑龙江省	内蒙古自治区	辽宁省
甘肃省	广东省	陕西省	安徽省
四川省	海南省	山西省	江苏省
云南省	新疆维吾尔自治区	河南省	浙江省
重庆市	湖南省	吉林省	上海市
贵州省		福建省	山东省
广西壮族自治区		宁夏回族自治区	河北省
		湖北省	北京市
		江西省	天津市

资料来源：作者绘制。

表 3.12   2019 年环境规制强度冷点—热点分布

冷点区 (−1.689273～−0.793906)	次冷点区 (−0.793905～0.637621)	次热点区 (0.637622～1.776931)	热点区 (1.776932～3.042288)
青海省	广东省	陕西省	安徽省
甘肃省	湖南省	山西省	江苏省
四川省	宁夏回族自治区	河南省	浙江省
云南省	内蒙古自治区	福建省	上海市
重庆市	吉林省	辽宁省	山东省
贵州省			河北省
广西壮族自治区			北京市
新疆维吾尔自治区			天津市
黑龙江省			湖北省
海南省			江西省

资料来源：作者绘制。

3.3.3   工业污染冷点—热点地理分布

根据式（3.9）计算结果，工业污染冷点—热点分布现状如表 3.13 至表

3.16 所示，2004 年，我国工业污染热点地区包括东部与中部，具体省份包括上海、江西、福建、安徽、河南、湖北等，次热点地区紧紧围靠热点地区，包括华北、华中、西北、西南部分地区，分别是河北、北京、天津、山东、山西、陕西、重庆、贵州、湖南等，热点与次热点地区全部分布于胡焕庸线以东。其余地区均为冷点与次冷点地区，分散在东北、西北、西南、华南地区；其中，冷点地区主要集中在胡焕庸线以西的西北地区，包括新疆、青海、甘肃等地。可以看出，2004 年我国工业污染集聚明显，地区差异较大，呈现"东高—西低"态势，工业污染在热点地区向外减弱，逐渐降为次热点地区、次冷点地区、冷点地区。2009 年，工业污染热点地区与次热点向北蔓延，相较于 2004 年，河北、天津、北京、辽宁、山东等地由次热点转向热点地区，河南由热点地区降为次热点地区，可以看出，工业污染的热点、次热点地区范围扩大，随着陕西与内蒙古转为次热点地区，工业污染次热点跨过胡焕庸线，有向西北方位蔓延的趋势。2014 年，工业污染冷点地区均集聚于西北、西南地区，热点地区集聚于华东、华北的沿海地区，华中、华南等地区工业污染减弱，江西、福建、湖北三地由工业污染热点地区降为次热点地区，湖南由次热点地区降为次冷点地区，广东、广西、海南等华南地区全部降为冷点地区。2019 年，工业污染热点地区为辽宁、山东、江苏、浙江、江西、福建；次热点地区为吉林、北京、天津、山西、安徽等地；次冷点地区为黑龙江、河南、宁夏、重庆、贵州、云南、广西、广东、海南；冷点地区为新疆、青海、甘肃、四川。纵观 2004—2019 年全国工业污染的冷点—热点分析结果可以看出，热点地区在减少，但热点分布现状呈现为"由集聚转为发散"，转移方位为"由东向西""由南向北"。

表 3.13　2004 年工业污染冷点—热点分布

冷点区 （-1.694939~-0.647628）	次冷点区 （-0.647627~0.573990）	次热点区 （0.573991~1.614528）	热点区 （1.614529~2.498204）
新疆维吾尔自治区	四川省	辽宁省	河南省
青海省	云南省	河北省	湖北省
甘肃省	广西壮族自治区	北京市	安徽省

续表

冷点区 (−1.694939~−0.647628)	次冷点区 (−0.647627~0.573990)	次热点区 (0.573991~1.614528)	热点区 (1.614529~2.498204)
黑龙江省	广东省	天津市	江苏省
	海南省	山东省	浙江省
	内蒙古自治区	山西省	江西省
	宁夏回族自治区	陕西省	福建省
	吉林省	重庆市	上海市
		湖南省	
		贵州省	

资料来源：作者绘制。

表 3.14　2009 年工业污染冷点—热点分布

冷点区 (−1.761559~−0.909596)	次冷点区 (−0.909595~0.266999)	次热点区 (0.267000~1.019396)	热点区 (1.019397~2.082590)
新疆维吾尔自治区	云南省	山西省	湖北省
青海省	广西壮族自治区	陕西省	安徽省
甘肃省	广东省	湖南省	江苏省
四川省	海南省	内蒙古自治区	浙江省
	宁夏回族自治区	吉林省	江西省
	重庆市	河南省	福建省
	贵州省		上海市
	黑龙江省		河北省
			北京市
			天津市
			山东省
			辽宁省

资料来源：作者绘制。

表 3.15　2014 年工业污染冷点—热点分布

冷点区 (−1.371296~−0.615620)	次冷点区 (−0.615619~0.404822)	次热点区 (0.404823~1.368229)	热点区 (1.368230~2.078807)
新疆维吾尔自治区	宁夏回族自治区	山西省	安徽省

冷点区 (-1.371296~-0.615620)	次冷点区 (-0.615619~0.404822)	次热点区 (0.404823~1.368229)	热点区 (1.368230~2.078807)
青海省	重庆市	陕西省	江苏省
甘肃省	黑龙江省	内蒙古自治区	浙江省
四川省	湖南省	吉林省	上海市
云南省		河南省	河北省
广西壮族自治区		江西省	北京市
广东省		福建省	天津市
贵州省		湖北省	山东省
海南省			辽宁省

资料来源：作者绘制。

表 3.16　2019 年工业污染冷点—热点分布

冷点区 (-1.334445~-0.903523)	次冷点区 (-0.903522~0.133512)	次热点区 (0.133513~0.963395)	热点区 (0.963396~1.855215)
新疆维吾尔自治区	宁夏回族自治区	山西省	江苏省
青海省	重庆市	陕西省	浙江省
甘肃省	黑龙江省	内蒙古自治区	上海市
四川省	云南省	吉林省	山东省
	广西壮族自治区	湖北省	辽宁省
	广东省	湖南省	江西省
	贵州省	河北省	福建省
	海南省	北京市	
	河南省	天津市	
		安徽省	

资料来源：作者绘制。

3.3.4　环境规制与工业污染的重心迁移

为刻画 2004—2019 年的时空演变特征，得到重心转移的具体演变趋势，本书从时间和空间两个维度把握环境规制与工业污染减排的空间演变，以期为后续研究提供相应的参考依据。根据典型案例的行政区划地图，本书利用标准差椭圆法刻画环境规制与工业污染的空间演变特征，以期从时间和空间两个维度把握环境规制与工业污染减排的空间演变特征。

3.3.4.1 标准差椭圆研究方法

美国学者 Lefever（1926）最早提出标准差椭圆（Standard Deviational Ellipse，SDE），后经不断完善，最终运用到了关于空间分布问题的研究之中；可依靠标准差椭圆来显示出一个节点在不同方向上的离散形状，由此可知节点的主要分布方向。重心（$\bar{x}$, $\bar{y}$）、方位角 θ、x 轴标准差 σ_x、y 轴标准差 σ_y 的具体公式如下：

重心（$\bar{X}$, $\bar{Y}$）计算公式：

$$\bar{X} = \frac{1}{N}\sum_{i=1}^{n} x_i, \quad \bar{Y} = \frac{1}{N}\sum_{i=1}^{n} y_i \tag{3.10}$$

方位角 θ 计算公式：

$$\tan\theta = \frac{\left(\sum_{i=1}^{n}\tilde{x}_i^2 - \sum_{i=1}^{n}\tilde{y}_i^2\right) + \sqrt{\left(\sum_{i=1}^{n}\tilde{x}_i^2 - \sum_{i=1}^{n}\tilde{y}_i^2\right) + 4\sum_{i=1}^{n}\tilde{x}_i^2\tilde{y}_i^2}}{2\sum_{i=1}^{n}\tilde{x}_i^2\tilde{y}_i^2} \tag{3.11}$$

x 轴标准差：

$$\sigma_x = \sqrt{\frac{\sum_{i=1}^{n}(\tilde{x}_i\cos\theta - \tilde{y}_i\sin\theta)^2}{n}} \tag{3.12}$$

y 轴标准差：

$$\sigma_y = \sqrt{\frac{\sum_{i=1}^{n}(\tilde{x}_i\sin\theta - \tilde{y}_i\cos\theta)^2}{n}} \tag{3.13}$$

其中，x_i, y_i 均为目标地区的坐标；而 $\bar{X}$, $\bar{Y}$ 另属于重心坐标；方位角 θ 是在顺时针转动过后与轴的夹角；$\tilde{x}$, $\tilde{y}$ 可记为中心到重心之间的误差；σ_x 是 x 轴标准差，而 σ_y 是 y 轴标准差。椭圆的中心显示的是所有要素的空间中心，其中长短轴代表了不同要素在空间上不同的范围。在 SDE 范围内，椭圆长轴长说明方向性强，而短轴长说明离散性强。

3.3.4.2 标准差椭圆研究结果分析

基于前文标准差椭圆的研究方法，探寻我国环境规制强度与工业污染的空间分布情况与重心走向，其结果见表 3.17 与表 3.18。其中，标准差椭圆的长半轴和短半轴分别表示环境规制强度与工业污染的离散程度和分布范围；长短半轴差值越大，表示环境规制强度与工业污染的方向性越明显；短半轴越短，则表明环境规制强度与工业污染的向心力越明显。短半轴与长半轴长度相比得出其形状指数，表征的是环境规制强度与工业污染的分布态势。

表 3.17　环境规制强度标准差椭圆相关参数

年份	短半轴（千米）	长半轴（千米）	平均形状指数	方位角（度）	分布重心		移动距离（千米）
					经度	纬度	
2004	855.3894	1049.5781	0.814984	26.1124	113.9950	33.7676	—
2005	781.9703	1038.9232	0.752674	21.7626	114.9274	33.6158	85.6485
2006	846.0041	1049.5795	0.806041	25.4719	114.6398	34.2700	78.2971
2007	852.3503	1064.9599	0.800359	22.8628	114.3908	34.0099	37.6134
2008	820.085	1043.2354	0.786098	21.7979	114.0614	33.9972	29.8871
2009	829.8144	1036.0360	0.800951	22.1436	114.3806	33.8107	36.0084
2010	878.2076	1042.7125	0.842234	22.7957	113.8548	33.6551	49.5331
2011	797.6448	1115.7513	0.714895	27.4667	114.5533	34.4230	100.8140
2012	842.7414	1003.7011	0.839634	23.2174	114.4697	33.6855	79.8177
2013	872.6712	1034.9454	0.843205	17.1121	114.2108	34.0391	44.1099
2014	919.4650	1026.0459	0.896125	17.5960	114.1221	34.3784	39.4942
2015	847.2935	1030.0667	0.822562	16.3069	114.6619	33.9785	65.5351
2016	830.0455	966.3223	0.858974	17.7239	114.7312	34.0053	9.5431
2017	862.8487	966.4022	0.892846	7.3869	114.7108	34.0259	2.0702
2018	879.2088	966.5306	0.909654	4.6909	114.4772	34.1442	24.5088
2019	873.4120	930.7965	0.938349	7.9108	114.3816	33.9077	26.2860

资料来源：作者绘制。

表 3.18 工业污染指数标准差椭圆相关参数

年份	短半轴（千米）	长半轴（千米）	平均形状指数	方位角（度）	分布重心		移动距离（千米）
					经度	纬度	
2004	954.8512	1093.443	0.873252	23.5798	113.0997	34.0755	—
2005	985.7043	1101.757	0.894666	27.0692	112.9292	34.1274	22.3342
2006	989.9778	1090.454	0.907858	29.1637	112.9665	34.248	7.13
2007	980.8261	1056.35	0.928505	30.3185	113.0984	34.3581	35.4
2008	908.023	1063.03	0.854184	32.0526	113.5364	34.6873	8.6765
2009	922.0421	1059.846	0.869977	30.3718	113.5012	34.5329	2.7344
2010	951.548	1068.141	0.890845	32.2845	113.2921	34.5053	23.7885
2011	930.0205	1080.129	0.861027	29.5616	113.4007	34.5174	15.0813
2012	883.1269	1065.748	0.828645	28.0055	113.6323	34.3371	28.2861
2013	867.1815	1089.436	0.795991	23.2037	113.7173	34.2341	8.3431
2014	842.979	1098.006	0.767736	25.3009	113.8657	34.0475	18.2835
2015	820.7957	1109.385	0.739865	24.4417	113.8576	34.0375	17.6265
2016	798.6777	1103.181	0.723977	24.3257	113.8594	33.9597	51.1588
2017	782.7345	1058.94	0.739168	24.2289	113.7309	33.6438	18.7972
2018	768.9995	1051.632	0.731244	22.4596	113.7447	33.5849	14.6698
2019	769.602	1032.393	0.745455	23.7271	113.6282	33.3975	16.2206

资料来源：作者绘制。

由表 3.17 可知，环境规制强度的平均形状指数从 2004 年的 0.814984 增长到 2019 年 0.938349，呈上升态势，表明各地区环境规制强度差异缩小，环境规制强度的分布更为均衡。环境规制强度在 2004—2019 年长度从原本的近 1050 千米缩短到了后来的约 931 千米，而短半轴长由 2004 年的 855.3894 千米延伸至 2019 年的 873.4120 千米；而标准差椭圆的方位角也在不断变小，2004—2019 年从原本的约 26 度缩小到约 8 度，角度逐渐变为北—南方向。从椭圆面积角度看，每一年的面积都在逐渐缩小，所以环境规制强度明显呈减弱趋势。

由表 3.18 可知，环境规制强度的平均形状指数从 2004 年的 0.873252 到 2019 年 0.745455，呈下降趋势，表明各地区工业污染差异在扩大，工业污染的分布呈现不均衡态势。工业污染的标准差椭圆在 2004—2019 年从原本的约 1093 千米减少到约 1032 千米，可见其整体只是略微缩小；短半轴在 2004—2019 年从原本的约 955 千米缩小到约 770 千米。

就分布重心所处位置而言，2004 年环境规制强度与工业污染的标准差椭圆分布重心基本重合，总体位于河南中心位置，表明全国层面环境规制强度的布局与工业污染的排放区位基本吻合，重心经纬度分别是"113.9950，33.7676"与"113.0997，34.0755"，落在河南省周口市附近。从分布重心的移动轨迹来看，2009 年，环境规制强度的分布重心向东南方迁移 27.8761 千米，工业污染向西北方迁移 14.1291 千米，重心经纬度分别是"114.3806，33.8107"和"113.5012，34.5329"，环境规制强度与工业污染的重心有错开趋势。到 2014 年，环境规制强度重心向西北方向迁移 16.6283 千米，工业污染重心向西北方向迁移 15.2871 千米，二者重心再度趋于重合，重心经纬度分别是"114.1221，34.3784"和"113.8657，34.0475"。2019 年，环境规制强度重心向东南方向迁移 33.6283 千米，工业污染重心向西南方向迁移 31.2671 千米，环境规制强度的重心与工业污染的重心再度错开、拉远，重心经纬度分别是"114.3816，33.9077"和"113.6282，33.3975"。综上可知，2004—2019 年，环境规制强度与工业污染重心均发生迁移，其中环境规制强度整体向东南方向迁移，工业污染有向西迁移的趋势，且二者的重心逐步错开。

3.4 环境规制与工业污染的空间特征事实

3.4.1 环境规制的空间分异分析

3.4.1.1 Dagum 基尼系数及其分解方法

通过 Dagum 基尼系数方法（Dagum，1997）可以得到我国七大区域环境规制空间强度分异。依照该方法以及子群方法，其系数定义如式（3.14）所示：

$$G = \sum_{j=1}^{k} \sum_{h=1}^{k} \sum_{i=1}^{n_j} \sum_{r=1}^{n_h} |y_{ji} - y_{hr}| / 2n^2 \bar{y} \qquad (3.14)$$

其中，$y_{ji}(y_{hr})$ 是 $j(h)$ 区域内的环境规制强度，$\bar{y}$ 是各区域环境规制强度的平均值，n、k 分别是地区与区域的数量，$n_j(n_h)$ 是在 $j(h)$ 区域当中其区域范围，G 是基尼系数，j、h 是地区划分数量，i、r 是地区数量。

进行具体的分解时，首先应将不同地区内部省份进行排序，即 $\bar{Y}_h \leqslant \cdots \leqslant \bar{Y}_j \leqslant \cdots \bar{Y}_k$（$\bar{Y}$ 为区域内环境规制强度的均值）。基尼系数也应分为多个部分：分异贡献 G_w、所有区域净值分异贡献 G_{nb}、超变密度的贡献 G_t。关系式为 $G = G_w + G_{nb} + G_t$。式（3.15）、式（3.16）分别表示 j 区域基尼系数 G_{jj} 与区域内的分异贡献 G_w，式（3.17）、式（3.18）分别是 j 区域与 h 区域的基尼系数 G_{jh} 与净值差异贡献 G_{nb}，式（3.19）表示的是超变密度的贡献 G_t。

$$G_{jj} = \frac{\frac{1}{2Y_j}\sum_{i=1}^{n_j}\sum_{R=1}^{n_j}|y_{ji} - y_{jr}|}{n_j^2} \tag{3.15}$$

$$G_w = \sum_{j=1}^{k} G_{jj}p_j s_j \tag{3.16}$$

$$G_{jh} = \frac{\sum_{i=1}^{n_j}\sum_{r=1}^{n_h}|y_{ji} - y_{hr}|}{n_j n_h(\bar{Y}_j + \bar{Y}_h)} \tag{3.17}$$

$$G_{nb} = \sum_{j=2}^{k}\sum_{h=1}^{j-1} G_{jh}(p_j s_h + p_h s_j)D_{jh} \tag{3.18}$$

$$G_t = \sum_{i=2}^{k}\sum_{h=1}^{j-1} G_{jh}(p_j s_h + p_h s_j)(1 - D_{jh}) \tag{3.19}$$

其中，$p_j = n_j/n$，$s_j = n_j\bar{Y}_j/n\bar{Y}$；$D_{jh}$ 为区域 j 与区域 h 间环境规制强度的影响，式（3.20）表示其定义；D_{jh} 代表了不同地域中环境规制强度的差，式（3.21）为其定义，含义为 j、h 之中所有 $y_{ji} - y_{hr} > 0$ 的样本值；p_{jh} 定义为超变一阶矩阵，式（3.22）表示其定义。

$$D_{jh} = \frac{d_{jh} - p_{jh}}{d_{jh} + p_{jh}} \tag{3.20}$$

$$d_{jh} = \int_{o}^{\infty} dF_j(y)\int_{0}^{y}(y - x)dF_h(x) \tag{3.21}$$

$$p_{jh} = \int_0^\infty dF_h(y) \int_o^y (y - x) dF_j(x) \qquad (3.22)$$

本书采用以上方法对我国七大地区 2004—2019 年环境规制强度的空间分异进行测算，并据此进行区域分解。

3.4.1.2 环境规制总体空间分异

由表 3.19 可知，环境规制强度的总体差异大致呈现波动向下的发展态势，总体基尼系数从 2004 年的 0.4243 下降至 2019 年的 0.3277，降幅约 23%，说明国内不同地区环境规制强度逐渐趋同，差距最大与最小的时期分别为 2005 年（G_T 为 0.4328）和 2019 年（G_T 为 0.3277）。2005—2013 年，总系数一直处于缓慢下降状态，从 2005 年的 0.4328 下降至 2013 年的 0.3452，下降幅度为 20.24%；其中，2008 年和 2013 年下降速度较快，分别达到了 -9.05% 与 -6.74%。其后，总系数在 2014 年和 2016 年又有所上扬，升至 0.3693，并在 2017 年后再次逐步下降，降至 2019 年的 0.3277。由图 3.5 可以更清晰地看到，环境规制强度空间分异系数随时间的推移而缓慢递减，说明我国环境规制强度的空间分异在逐年缩小并趋于收敛。这可能是由于地方环境规制强度与地方经济发展水平息息相关，而地区的经济差异呈现缩小收敛的趋势（林毅夫和刘明兴，2003）。为此，需要进一步对环境规制强度收敛进行检验。

表 3.19 2004—2019 年我国环境规制强度总体分异系数及其增长率

年份	总体分异系数（G_T）	增长率（%）	年份	总体分异系数（G_T）	增长率（%）
2004	0.4243	—	2012	0.3701	-1.63
2005	0.4328	2.01	2013	0.3452	-6.74
2006	0.4227	-2.33	2014	0.3621	4.91
2007	0.4096	-3.11	2015	0.3594	-0.76
2008	0.3725	-9.05	2016	0.3693	2.75
2009	0.3675	-1.35	2017	0.3665	-0.76
2010	0.3551	-3.36	2018	0.3430	-6.41
2011	0.3762	5.95	2019	0.3277	-4.46

资料来源：作者绘制。

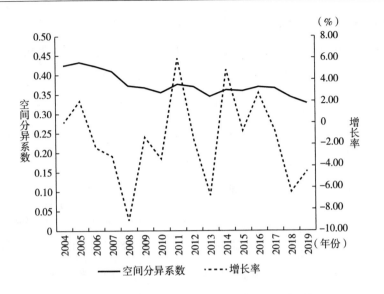

图 3.5　环境规制强度空间分异系数及其增长率

资料来源：作者绘制。

　　通过对历年环境规制强度的总体分异系数增长率的变动展开研究可知，中国不同省份之间的强度差异在 2006—2013 年逐渐减少。其原因可能在于，这期间中国高耗能的工业产业更加饱和，政府对环境更加重视，出台了诸多防范污染的政策，使我国总体环境规制强度呈现趋同的趋势。然而，2014 年以来，受全球经济疲软、地缘政治博弈等多重因素影响，石油、能源、金属等 19 种大宗商品价格暴跌；至 2015 年年中，我国爆发股市危机，A 股经历了 16 次千股跌停。受上述金融冲击，经济增长速度明显放缓，对内陆欠发达地区与资源型城市的冲击尤为显著，导致国内环境规制强度的差异有所反弹，空间分异系数有所扩大。2017 年，随着经济结构调整的不断深化，产能利用率上升，企业盈利水平提高，我国环境规制强度的分异系数再次缩小。

3.4.1.3　环境规制区域内分异

　　就区域内分异而言，根据表 3.20 可以看出，七大地区环境规制强度的内部差异也在逐步减小。2004 年，华南地区差异最为明显，往下依次是华北、华中、西南等地区；到 2019 年，华南地区差异度依旧最大，往下依次是西南、华中、华北、西北、东北与华东地区。2004—2019 年，差异度最大的华南地区与最小的华东地区位次保持不变，其余地区有小幅度变化。具体来看，华东地区是我国经济最为发达的地区，根据前文对环境规制强度的测算可知，其环境规制强度亦是我国最高的地区，可以说华东地区不仅环境规制强度高，且内部差异小，环境规制强度相对较为均衡，江苏、浙江、上海、安徽、山东、江西、福建等地环境政策的实施相对较为协调。东北地区作为我国近年来经济发展相对落后的地区，其环境规制强度内部差异度从 2004 年的 0.3859 降至 2019 年的 0.2686，是因为东北三省具有哈长城市群和辽中南城市群、沿海经济带，它们具有优秀的港口资源优势，以及相似的资源禀赋与自然条件。但值得注意的是，华南地区作为我国沿海地区，其环境规制强度的差异度从 2004 年至 2019 年始终高于其余六大地区，可能是由于华南地区广东、广西、海南三省份的经济差异较大，2021 年三省份的 GDP 总量分别位于全国第 1、19、28 位，且海南省位处海岛，与广东、广西没有邻接陆地，环境协同治理实施因地域因素影响受阻。

表 3.20 环境规制强度分区区域内分异

年份	分区子群内分异（G_W）						
	华北地区（A）	东北地区（B）	华东地区（C）	华中地区（D）	华南地区（E）	西南地区（F）	西北地区（G）
2004	0.4447	0.3859	0.2561	0.4077	0.5408	0.4056	0.4606
2005	0.4183	0.3745	0.2422	0.4305	0.5515	0.3951	0.4367
2006	0.4191	0.4022	0.2392	0.4238	0.5629	0.3553	0.4206
2007	0.3962	0.3364	0.2325	0.4703	0.5573	0.3768	0.4228
2008	0.3974	0.3334	0.2254	0.3669	0.5410	0.3597	0.4001
2009	0.3980	0.3102	0.2191	0.3747	0.5293	0.3472	0.3964
2010	0.3798	0.3065	0.2062	0.3769	0.5172	0.3847	0.3436
2011	0.3453	0.3045	0.2062	0.3258	0.4808	0.3694	0.2907

续表

年份	分区子群内分异（G_W）						
	华北地区 （A）	东北地区 （B）	华东地区 （C）	华中地区 （D）	华南地区 （E）	西南地区 （F）	西北地区 （G）
2012	0.3387	0.2915	0.2075	0.3368	0.4739	0.3558	0.3210
2013	0.3412	0.3077	0.1936	0.3441	0.4690	0.3486	0.3301
2014	0.3363	0.3012	0.1809	0.3407	0.4248	0.3551	0.3213
2015	0.3161	0.2997	0.1909	0.3483	0.4250	0.3634	0.2845
2016	0.2872	0.2878	0.2088	0.3007	0.4308	0.3467	0.2754
2017	0.3049	0.2866	0.1986	0.3894	0.3995	0.3366	0.2891
2018	0.3134	0.2709	0.1872	0.3080	0.4047	0.3261	0.2872
2019	0.3152	0.2686	0.1730	0.3295	0.3967	0.3298	0.2783
平均值	0.3595	0.3167	0.2105	0.3671	0.4816	0.3597	0.3474

资料来源：作者绘制。

3.4.1.4 环境规制区域间分异

为方便观测，本书用 A、B、C、D、E、F、G 分别表征华北、东北、华东、华中、华南、西南与西北地区。由表 3.21 可知，华北地区环境规制强度与其余六大地区的差异从 2004 年至 2019 年都在下降，呈现差异缩小的趋势。东北地区与华北地区，华东地区、华中地区与华南地区环境规制强度差异逐步缩小；与西南地区差异波段式浮动，2019 年与 2004 年相比，二者差异基本保持不变；与西北地区差异从 2004 年至 2011 年缩小，由 0.319 降至 0.252，2012 年至 2019 年逐渐扩大，从 0.276 扩大至 0.479，东北地区与西北地区环境规制强度差异整体呈现倒 "U" 形。华东地区与华中地区、华南地区、西南地区、西北地区的差异逐步扩大，其中，与西南地区差异最大，由 2004 年的 0.361 至 0.528，进一步表明，发达地区与西部内陆地区环境规制强度的差异是增大的。华中地区除与华东地区差异扩大，与其他五大地区环境规制强度差异缩小，有收敛趋势。华南地区

表 3.21 环境规制强度区域间分异

年份	AB	AC	AD	AE	AF	AG	BC	BD	BE	BF	BG	CD	CE	CF	CG	DE	DF	DG	EF	EG	FG
2004	0.429	0.394	0.317	0.444	0.439	0.471	0.524	0.444	0.475	0.276	0.319	0.266	0.423	0.361	0.462	0.421	0.45	0.491	0.463	0.499	0.263
2005	0.481	0.408	0.375	0.491	0.495	0.545	0.508	0.296	0.475	0.268	0.312	0.328	0.432	0.472	0.619	0.419	0.291	0.358	0.472	0.512	0.262
2006	0.384	0.395	0.314	0.436	0.43	0.485	0.494	0.306	0.464	0.257	0.306	0.351	0.438	0.451	0.573	0.423	0.353	0.405	0.495	0.526	0.261
2007	0.386	0.382	0.31	0.354	0.46	0.499	0.482	0.314	0.386	0.281	0.305	0.315	0.418	0.425	0.535	0.318	0.362	0.405	0.477	0.511	0.285
2008	0.341	0.357	0.260	0.388	0.417	0.482	0.405	0.207	0.352	0.244	0.277	0.314	0.429	0.376	0.499	0.298	0.324	0.399	0.406	0.454	0.229
2009	0.380	0.373	0.327	0.414	0.429	0.457	0.405	0.233	0.359	0.243	0.266	0.315	0.415	0.416	0.536	0.325	0.258	0.295	0.374	0.396	0.207
2010	0.382	0.337	0.299	0.396	0.407	0.47	0.397	0.198	0.386	0.202	0.261	0.281	0.416	0.353	0.467	0.338	0.212	0.316	0.388	0.447	0.234
2011	0.369	0.387	0.285	0.393	0.352	0.449	0.459	0.207	0.401	0.214	0.252	0.285	0.430	0.378	0.562	0.350	0.162	0.292	0.389	0.456	0.254
2012	0.322	0.349	0.26	0.398	0.356	0.527	0.353	0.234	0.372	0.322	0.276	0.35	0.442	0.442	0.555	0.336	0.275	0.471	0.366	0.466	0.299
2013	0.312	0.330	0.237	0.438	0.291	0.392	0.377	0.226	0.461	0.241	0.315	0.306	0.413	0.428	0.501	0.417	0.212	0.322	0.443	0.517	0.295
2014	0.302	0.354	0.234	0.403	0.328	0.444	0.390	0.218	0.420	0.249	0.345	0.335	0.431	0.447	0.481	0.376	0.252	0.406	0.434	0.519	0.272
2015	0.304	0.349	0.252	0.412	0.313	0.435	0.364	0.253	0.437	0.187	0.332	0.301	0.417	0.503	0.567	0.390	0.263	0.409	0.444	0.537	0.266
2016	0.294	0.347	0.248	0.417	0.331	0.431	0.361	0.216	0.429	0.295	0.408	0.393	0.434	0.564	0.601	0.391	0.275	0.391	0.481	0.558	0.278
2017	0.366	0.361	0.23	0.356	0.329	0.450	0.393	0.349	0.436	0.427	0.427	0.390	0.479	0.561	0.598	0.34	0.278	0.413	0.395	0.472	0.252
2018	0.335	0.359	0.213	0.422	0.332	0.478	0.396	0.308	0.436	0.352	0.442	0.389	0.489	0.524	0.569	0.394	0.277	0.454	0.479	0.576	0.254
2019	0.288	0.309	0.208	0.411	0.275	0.319	0.342	0.286	0.410	0.294	0.479	0.355	0.505	0.528	0.559	0.399	0.268	0.318	0.407	0.499	0.245

资料来源：作者绘制。

与西南地区环境规制强度差异缩小，由 0.463 降至 0.407；华南地区与西北地区环境规制强度差异亦呈现倒"U"形，2004 年两地区强度差异为 0.499，经过小幅度上升，最高至 2016 年 0.558，最终于 2019 年回到 0.499。西南地区与西北地区环境规制强度差异较小，差异最大年份是 2012 年，地区间差异度为 0.299，最小为 2009 年的 0.207，波动幅度相对较小，说明西南地区与西北地区由于均地处偏远，二者的环境投入、污染整治与生态修复工作力度较为相似。

3.4.1.5 环境规制强度分异来源及贡献度

表 3.22 展示了区域内分异、区域间分异，以及超变密度的贡献度与贡献率，超变密度主要用于识别地区间的交叉重叠现象，即虽然某地区环境规制强度明显高于其他地区，但该地区内部环境规制强度更低的地区其内部的强度也将低于其他强度较高的地区。超变密度下降，表明交叉重叠越来越弱，不同地区之间的环境规制差异在拉大。纵向来看，2004—2019 年区域内差异贡献度整体保持在 13% 左右，没有较大波动，对环境规制强度的地区差异贡献较少；区域间差异贡献度从 2004 年的 47.49% 上升至 2019 年的 60.79%，这是造成地区环境规制强度存在差异的主要因素；超变密度贡献度由 2004 年的 39.27% 下降至 2019 年的 26.18%，贡献率逐步减弱，呈现下降趋势，但仍是环境规制强度地区差异的第二主导因素。由此可见，如何有效地缩小区域差异已成为提升我国环境规制强度收敛性的关键。

表 3.22 环境规制强度差异贡献度

年份	区域内分异贡献（G_W）		区域间分异贡献（G_nb）		超变密度贡献（G_t）	
	区域内来源	贡献率（%）	区域间来源	贡献率（%）	超变密度来源	贡献率（%）
2004	0.043	13.24	0.156	47.49	0.129	39.27
2005	0.050	12.75	0.225	57.27	0.118	29.99
2006	0.052	13.41	0.203	52.62	0.131	33.96
2007	0.050	13.52	0.191	51.69	0.129	34.80

年份	区域内分异贡献（G_W）		区域间分异贡献（G_nb）		超变密度贡献（G_t）	
	区域内来源	贡献率（%）	区域间来源	贡献率（%）	超变密度来源	贡献率（%）
2008	0.051	14.08	0.173	48.25	0.135	37.67
2009	0.048	13.20	0.198	54.64	0.117	32.16
2010	0.047	13.72	0.163	47.16	0.135	39.11
2011	0.050	13.63	0.188	50.72	0.132	35.65
2012	0.053	14.02	0.231	61.42	0.092	24.57
2013	0.047	13.10	0.207	58.40	0.101	28.50
2014	0.052	14.13	0.205	55.90	0.110	29.97
2015	0.048	12.95	0.242	64.83	0.083	22.22
2016	0.053	12.97	0.268	65.43	0.089	21.60
2017	0.055	13.11	0.267	63.14	0.100	23.75
2018	0.059	13.52	0.257	59.48	0.117	27.00
2019	0.056	13.07	0.258	60.75	0.111	26.18

资料来源：作者绘制。

由图 3.6 可以更清晰地看到，我国区域环境规制强度的收敛格局主要是区域间差异造成的，根据收敛理论，可做出推测，在中央政府的宏观调控下，各区域间的产业结构、经济发展水平、环境政策将呈现趋同的趋势，进而导致环境规制强度的收敛。基于此，有必要利用 σ-收敛与绝对 β-收敛模型检验环境规制强度的收敛性，并利用条件 β-收敛模型探讨影响环境规制强度收敛的因素。

3.4.2 工业污染的空间分异分析

本书运用式（3.14）至式（3.22）Dagum 基尼系数方法来测算工业污染的总体分异、区域内分异、区域间分异、分异来源及贡献度。

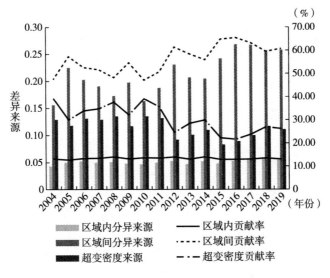

图 3.6　环境规制强度区域分异来源及贡献

资料来源：作者绘制。

3.4.2.1　工业污染指数总体空间分异

由表 3.23 可知，我国工业污染总体分异大致呈现波动上升的发展态势，总体分异系数从 2004 年的 0.3680 上升至 2019 年的 0.4582，平均增长率为 24.51%，表明我国区域工业污染分布的非均衡性有所提高，最大值和最小值分别出现在 2014 年（G_T 为 0.4601）和 2005 年（G_T 为 0.3666）。根据总体分异的数学设定可知，总体分异系数最大为 1，最小为 0，总体分异系数绝对值越低说明工业污染越均衡，而低于 0.2 更是达到了绝对均衡，0.2~0.3 可视为比较均衡，0.3~0.4 可视为在相对合理范围内的均衡，0.4~0.5 可视为空间分布分异较大。由此可见，从 2004 年至 2019 年，我国工业污染的总体分异由相对合理变为地区分异较大，且还有进一步扩大的趋势。由图 3.7 可以更清晰地看到，工业污染空间分异系数随时间的推移而缓慢递增，说明我国工业污染的空间分异在逐年扩大，有的地区由于经济的迅速发展而有可能造成工业污染的集聚，出现"污染避难所"效应。为此，需要进一步对工业污染空间分异的来源进行识别，厘清工业污染的分异机理。

表 3.23 2004—2019 年我国工业污染总体分异及其增长率

年份	总体分异系数 （G_T）	增长率 （%）	年份	总体分异系数 （G_T）	增长率 （%）
2004	0.3680	—	2012	0.4224	1.66
2005	0.3666	-0.36	2013	0.4485	6.17
2006	0.3774	2.94	2014	0.4601	2.60
2007	0.3856	2.15	2015	0.4568	-0.72
2008	0.3942	2.23	2016	0.4487	-1.78
2009	0.4295	8.97	2017	0.4512	0.55
2010	0.4162	-3.10	2018	0.4426	-1.90
2011	0.4155	-0.16	2019	0.4582	3.54

资料来源：作者绘制。

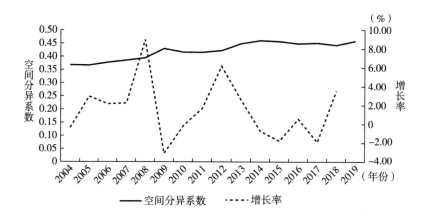

图 3.7 工业污染空间分异系数及其增长率

资料来源：作者绘制。

3.4.2.2 工业污染指数区域内分异

将全国分为七大区域来看，由表 3.24 可知，从 2004 年至 2019 年，华北、华南、西南、西北四个地区工业污染指数的地区分异呈现扩大的态势，东北、华中地区基本保持不变，华东地区小幅度下跌。具体而言，华北地区的山西与京津冀的经济水平、工业基础有较大差距，华南地区的海南、广西两省区与广东有较大差距，西南地区的云南、贵州两省与四川、重庆有较大差距，西北地区的新疆、青海、宁夏三省区与陕西有较大差距，这是由于工业污染排放的强弱与地区经济水平、工业基础挂钩。近年来，我国经济飞速发展，各省份的经济增长速度不均衡，以致华北、华南、西南、西北等区域内部经济差异较大，工业污染的分异也在逐渐扩大。东北与华中地区的基尼系数总体保持不变，始终处于 0.3 与 0.2 上下浮动，这是由于东北地区黑龙江、吉林、辽宁三省作为老牌工业省份，工业体系差异不大，工业细分行业趋同，因而污染排放分布差异不大；而华中地区的河南、湖北、湖南三省地处中部地区，三省的经济发展水平、工业基础差异不大，产业结构较为相似，实施的环境政策也较为相似。华东地区是唯一一个工业污染分异缩小的地区，是由于华东地区近年来加速经济转型发展，大力发展新兴产业和高技术产业，构建现代产业体系，促进了产业数字化和服务化，实现了产业转型升级；企业通过加快淘汰落后产能、推进技术创新，大大减少了工业污染的排放，进而导致华东地区工业污染分异呈现逐渐缩小的态势。

表 3.24　2004—2019 年我国工业污染区域内分异

年份	华北（A）	东北（B）	华东（C）	华中（D）	华南（E）	西南（F）	西北（G）
2004	0.2351	0.2922	0.3309	0.1931	0.4339	0.2622	0.1460
2005	0.2597	0.3305	0.3262	0.1932	0.4472	0.2782	0.2614
2006	0.2613	0.3268	0.3579	0.1800	0.3948	0.2733	0.2272
2007	0.2783	0.2456	0.3409	0.1937	0.4435	0.2935	0.2403
2008	0.2841	0.1859	0.3584	0.1921	0.4470	0.3365	0.2905
2009	0.2746	0.2411	0.3186	0.1798	0.4386	0.2811	0.2499
2010	0.2885	0.2521	0.3025	0.1809	0.4599	0.2537	0.2671
2011	0.3240	0.2809	0.3255	0.1697	0.3955	0.2429	0.2579
2012	0.3417	0.2169	0.3384	0.1546	0.4009	0.2801	0.2499
2013	0.3206	0.2003	0.2860	0.1778	0.4071	0.2921	0.2584
2014	0.3673	0.2230	0.3277	0.1693	0.3837	0.2980	0.2166
2015	0.3394	0.2104	0.2972	0.1914	0.3697	0.2921	0.2649

年份	华北（A）	东北（B）	华东（C）	华中（D）	华南（E）	西南（F）	西北（G）
2016	0.3172	0.2669	0.3291	0.2418	0.3320	0.3186	0.1656
2017	0.3203	0.2421	0.3226	0.2352	0.4658	0.3270	0.2643
2018	0.4123	0.2830	0.3150	0.1941	0.4703	0.3184	0.2659
2019	0.3331	0.2924	0.3097	0.2171	0.4705	0.3352	0.2976

资料来源：作者绘制。

3.4.2.3　工业污染指数区域间分异

上文分析的是七大地区区域内的工业污染排放分异情况，接下来分析区域间的分异情况。七大地区工业污染指数的区域间分异如表3.25所示。为便于描述，本书将华北、东北、华东、华中、华南、西南与西北地区分别用A、B、C、D、E、F、G表示。由表3.25可以看出，工业污染的区域间分异呈波动态势，大部分区域间分异系数处于上升趋势。在研究期内，七大地区工业污染指数随时间的推移整体表现为波动态势。以华北地区与东北地区区域间分异为例，2004年为0.418，2005年降至0.408，2007年更进一步下降，在此后逐年反增，到2012年又涨至0.435，随后又下降，直到2016年降至0.377，随后反弹，最高至2019年的0.461。华北地区与华东地区的工业污染指数分异趋势与之几乎一致。华北地区与华中地区的分异与前两者不同，2004—2019年华北地区与华中地区工业污染分异缓慢下降，从2004年的0.411降至2019年的0.337，其他地区分异虽然转折点不一致，但总体趋势一致。华东地区与其他地区的工业污染分异总体处于不变或下跌状态。华东地区经济最为发达，消耗的资源和能源总量最多，但随着生活水平的提升，居民对居住环境质量的要求随之提高，政府对环境治理力度加大，以及人口、土地、资源"红利"的锐减，产业被迫转型升级，高污染、高能耗产业迁至其他地区，缩小了华东地区与其他地区工业污染排放的差距。

表 3.25 2004—2019 年我国工业污染区域间分异

年份	AB	AC	AD	AE	AF	AG	BC	BD	BE	BF	BG	CD	CE	CF	CG	DE	DF	DG	EF	EG	FG
2004	0.418	0.361	0.411	0.434	0.443	0.516	0.331	0.241	0.388	0.278	0.272	0.271	0.350	0.311	0.412	0.343	0.189	0.204	0.37	0.445	0.237
2005	0.408	0.372	0.406	0.431	0.416	0.495	0.329	0.242	0.384	0.279	0.292	0.272	0.361	0.283	0.392	0.346	0.167	0.197	0.349	0.432	0.231
2006	0.404	0.376	0.406	0.443	0.436	0.496	0.322	0.223	0.372	0.264	0.279	0.267	0.371	0.302	0.387	0.319	0.150	0.200	0.339	0.406	0.212
2007	0.393	0.376	0.432	0.508	0.488	0.518	0.345	0.237	0.379	0.275	0.271	0.279	0.417	0.350	0.39	0.319	0.180	0.187	0.369	0.378	0.209
2008	0.418	0.396	0.374	0.530	0.493	0.555	0.317	0.272	0.414	0.294	0.346	0.24	0.413	0.313	0.391	0.358	0.244	0.333	0.352	0.399	0.204
2009	0.432	0.403	0.375	0.501	0.485	0.562	0.323	0.272	0.409	0.283	0.362	0.234	0.399	0.308	0.404	0.337	0.238	0.354	0.357	0.435	0.230
2010	0.435	0.401	0.376	0.505	0.483	0.55	0.301	0.245	0.374	0.248	0.323	0.221	0.381	0.290	0.384	0.327	0.226	0.340	0.345	0.421	0.228
2011	0.433	0.406	0.381	0.496	0.491	0.567	0.297	0.239	0.380	0.264	0.339	0.223	0.372	0.293	0.391	0.305	0.223	0.350	0.349	0.444	0.234
2012	0.435	0.396	0.371	0.507	0.475	0.577	0.309	0.247	0.385	0.257	0.335	0.219	0.38	0.301	0.434	0.32	0.227	0.391	0.341	0.445	0.251
2013	0.381	0.368	0.341	0.401	0.447	0.571	0.280	0.240	0.346	0.237	0.366	0.239	0.365	0.333	0.469	0.332	0.303	0.455	0.414	0.566	0.294
2014	0.366	0.358	0.334	0.393	0.407	0.562	0.269	0.236	0.354	0.226	0.419	0.226	0.354	0.304	0.494	0.329	0.280	0.495	0.395	0.582	0.324
2015	0.373	0.363	0.337	0.394	0.422	0.581	0.267	0.232	0.363	0.244	0.438	0.222	0.360	0.293	0.484	0.324	0.270	0.487	0.421	0.610	0.343
2016	0.377	0.364	0.335	0.397	0.408	0.588	0.27	0.244	0.366	0.236	0.453	0.222	0.360	0.280	0.490	0.322	0.262	0.505	0.395	0.615	0.391
2017	0.423	0.362	0.320	0.425	0.401	0.583	0.331	0.305	0.412	0.288	0.441	0.200	0.343	0.267	0.507	0.282	0.242	0.533	0.363	0.594	0.399
2018	0.432	0.366	0.322	0.416	0.418	0.589	0.337	0.32	0.411	0.284	0.432	0.209	0.35	0.291	0.508	0.277	0.285	0.550	0.396	0.618	0.404
2019	0.461	0.376	0.337	0.442	0.411	0.591	0.342	0.354	0.423	0.293	0.41	0.201	0.338	0.273	0.52	0.269	0.267	0.570	0.368	0.609	0.431

资料来源：作者绘制。

3.4.2.4　工业污染指数分异来源及贡献度

上述分析表明，无论是区域间还是区域内，工业污染的地区分异都在逐渐增大，因此，有必要分析工业污染地区分异的来源与贡献。七大地区工业污染的地区分异来源及贡献率如表 3.26 所示。2004—2019 年，工业污染指数的区域内分异来源基本保持在 0.43~0.45，贡献率在 12%~13%。区域间分异来源则呈逐渐减小趋势，2004 年区域间分异来源为 0.179，贡献率为 48.59%；至 2019 年区域间分异来源与贡献率已降至 0.124 与 36.70%。与区域间分异贡献相反，超变密度的贡献则呈上升态势，2004 年工业污染指数超变密度贡献来源为 0.145，贡献率为 39.28%，高于区域内分异贡献；低于区域间分异贡献；但此后基本呈逐年递增态势，至 2019 年超变密度贡献来源已增至 0.171，贡献率为 50.68%，贡献率超过一半。由此可得出，在 2006 年及之前，工业污染地区间分异的主要来源依次为区域间分异、超变密度、区域内分异，2007 年后工业污染地区间分异的主要来源依次为超变密度、区域间分异、区域内分异。

表 3.26　2004—2019 年工业污染的分异来源及贡献率

年份	区域内分异贡献（G_W）		区域间分异贡献（G_nb）		超变密度贡献（G_t）	
	区域内来源	贡献率（%）	区域间来源	贡献率（%）	超变密度来源	贡献率（%）
2004	0.045	12.13	0.179	48.59	0.145	39.28
2005	0.044	12.13	0.167	45.68	0.155	42.20
2006	0.043	12.15	0.159	44.35	0.155	43.50
2007	0.044	12.37	0.142	39.92	0.170	47.71
2008	0.044	12.29	0.143	40.24	0.168	47.47
2009	0.043	12.42	0.154	44.18	0.152	43.39
2010	0.045	12.50	0.148	41.63	0.163	45.86
2011	0.046	12.86	0.150	42.22	0.160	44.92
2012	0.046	13.13	0.137	38.93	0.169	47.93
2013	0.046	13.24	0.133	38.23	0.169	48.53
2014	0.048	13.20	0.140	38.92	0.172	47.89
2015	0.046	13.01	0.141	39.41	0.170	47.58
2016	0.044	12.70	0.147	42.14	0.157	45.16

续表

年份	区域内分异贡献（G_W）		区域间分异贡献（G_nb）		超变密度贡献（G_t）	
	区域内来源	贡献率（%）	区域间来源	贡献率（%）	超变密度来源	贡献率（%）
2017	0.043	13.11	0.116	35.05	0.172	51.84
2018	0.043	12.99	0.110	32.94	0.180	54.06
2019	0.043	12.62	0.124	36.70	0.171	50.68

资料来源：作者绘制。

由图 3.8 可以更清晰地看到，我国区域工业污染分布的不均衡性主要由区域间的不均衡性造成，区域间的不均衡性和超变密度对工业污染分布的不均衡性贡献大，而区域内的不均衡性贡献小。也就是说，在划分的七个区域内，区域内的产业结构、经济发展水平、环境规制水平区别不是很大，所以污染的分布差异不大，但是跨区域的地理位置、产业结构、经济发展水平、环境规制水平等差别较大，所以造成不同区域间的工业污染分布差异较大。正是基于此，才会有污染产业的转移和污染的溢出。

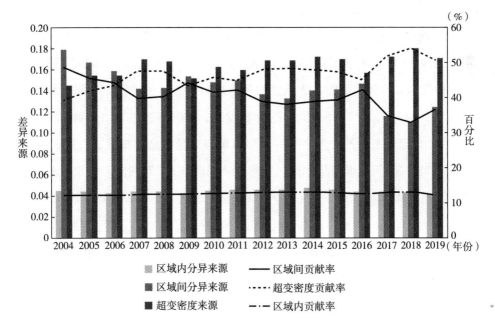

图 3.8 工业污染区域分异来源及贡献

资料来源：作者绘制。

3.5 本章小结

本章检验了环境规制强度与工业污染指数的空间相关性，并进一步通过冷点—热点分析与标准差椭圆分析、探索了二者的时空特征演变；采用 Dagum 基尼系数对七大行政区域环境规制与工业污染的区域差异及其来源进行了分解，得到以下结论：

（1）根据 2004—2019 年我国省级行政区的环境规制强度与工业污染指数的综合排名变化来看，内蒙古、新疆、浙江、湖北、陕西、广西、贵州等省份的环境规制强度有较大的提升，而辽宁、黑龙江、四川、北京、甘肃等地环境规制强度则呈现下降趋势；辽宁、福建、新疆等地区工业污染有加重趋势，而河南、河北、湖北、四川等地工业污染有改善趋势。

（2）通过全局 Moran's I 指数测算结果发现，2004—2019 年，在空间关联视角下，我国 30 个省级行政区的环境规制强度与工业污染水平的 Moran's I 指数都以增长作为主要趋势，说明各个地区的环境规制与工业污染存在空间正相关性。通过局域空间自相关与 LISA 聚集图分析发现，2004—2019 年，环境规制强度"低—低"集聚最多，其次为"高—高"集聚与"低—高"集聚，"高—低"集聚最少；"高—高"集聚由华北地区向华东地区跃迁，"低—低"集聚没有跃迁，始终停留在西北地区。就工业污染空间关系而言，各省份工业污染状况与邻近地区的相对关系呈现出"高—高""低—低""高—低""低—高"四种不同的模式，集聚显著性降低，由 2004 年 7 个省份降为 2019 年 4 个；其中，"高—高"显著集聚集中在华北及华北衔接区域。

（3）通过标准差椭圆模型分析可知，2004 年，环境规制强度与工业污染的标准差椭圆分布重心基本重合，总体位于河南中心位置；但到 2019 年，环境规制强度重心整体向东南方向迁移 28.342 千米，工业污染重心向西迁移 41.812 千米，环境规制与工业污染的重心随时间的推移逐步错开。这说明一个地区在制定环境规制政策时，并不是完全针对环境污染的轻重而制定的，而是与当地政府和市民对环境的重视程度有关，也与经济发展水平相关：经济越发达的地区，越重视环境治理；反之，经济越不发达的地区，政府对环境治理的重视程度越不够。

（4）从环境规制强度的空间分异及其来源看，在研究期内，环境规制强度的总体分异呈逐步下降趋势，总体分异系数从 2004 年的 0.4243 降至 2019 年的 0.3277。七大地区的区域内差异也在逐步缩小，综合 16 年平均差异度来看，差异度由大到小依次为华南地区、华中地区、西南地区、华北地区、西北地区、东北地区、华东地区；环境规制强度差异的贡献率排名依次是区域间差异、超变密度、区域内差异，由此可知，区域间差异是导致环境规制强度差异的主要来源。从工业污染的空间分异及其来源看，在研究期内，工业污染的总体分异呈逐步上升趋势。分区域来看，华北、华南、西南、西北四个地区工业污染指数的地区分异呈现扩大的态势，东北、华中地区基本保持不变，华东地区呈现缩小态势。从工业污染地区分异的来源及贡献率来看，在 2006 年及之前，我国工业污染地区间分异的主要来源依次为区域间分异、超变密度、区域内分异；2007 年后，我国工业污染地区间分异的主要来源依次为超变密度、区域间分异、区域内分异。

4 环境规制对工业污染空间影响的
理论模型与机理

环境规制不仅影响工业污染的空间布局，也影响工业污染的空间流动。本章首先应用 σ-收敛，绝对 β-收敛、条件 β-收敛模型与方法，对环境规制进行收敛性检验；其次深入研究环境规制对工业污染空间分异的影响机理和对工业污染空间溢出的影响机理。

4.1 环境规制的空间收敛假说与检验

4.1.1 环境规制的收敛假说

新古典经济增长理论由 Solow（1956）提出，他指出，不同主体之间的收入差异是由于人均资本存量的差距，而对于地区之间而言，经济落后的地区人均资本存量往往相对较低，但其他要素会比较稳定并趋于收敛。众所周知，随着生产规模的扩大，能源消耗和环境污染也会不断加大。政府出于其职能职责，势必会加强对环境污染的治理。由前文环境规制强度的空间分异测算可知，环境规制强度的地区差异在逐渐缩小，那么，环境规制作为政府防治污染的重要手段，其规制强度是否像地区经济一样存在收敛？这是本节将要验证的主要问题。

4.1.1.1 基于地方政府合作角度

当前，建设生态文明，树立生态文明观念，是推动科学发展、促进社会和谐的必然要求。在我国的"十二五"规划中，提出了环境协同治理的概念，在中央政府与生态环境部的宏观政策调控下，各地方政府统一环境治理目标与任务实施路径，激发各地方政府跨区域合作治理环境的共同愿景。环境共同开发治理有助于统一各方的利益、减少不同利益方的分歧、解决失衡化问题、加强不同地区之间的凝聚力，打造统一和谐的大环境。共同愿景包含了多方的环境价值观，防止部分地区走进"先发展后治理"的误区，为环境规制强度的收敛奠定了基础。

区域环境协同治理是各级政府为了使当地生态环境得到保护而提出的新概念，也是政府、企业与社会各阶层人士对环境共同负责、共同管理的新局面。与传统行政区环境治理的行政区域内的权责分工只在一个区域内进行、在管理模式上也实施的是严格的纵向管理不同，新的区域环境治理实现了跨区域治理，且不同区域政府之间都属于同级别，是横向的管理模式。所以跨区域治理的实施需要不同地区有关部门增强自身的沟通能力、沟通意愿，彼此之间的协商应以平等自愿为前提。例如，相邻地区政府可开展跨区域联合执法，实现联合环保执法，共同监督环境问题，加强地域合作，最终建立起高效率、高联动性的检测网络，建立覆盖多个区域的大型检测数据库，合作编写环保材料，等等。区域环境协同治理将会缩小地区环境规制的强度差异，驱使各地方政府环境规制强度与相邻地区呈现收敛现象。现有的环境协同治理的政策如表 4.1 所示。

表 4.1　环境协同治理政策

颁布单位	颁布时间	颁布政策	政策纲要
国家发展改革委	2015 年 12 月	《京津冀协同发展生态环境保护规划》	确立了北京、天津、河北三地联合推动环境协同治理

颁布单位	颁布时间	颁布政策	政策纲要
中共中央办公厅、国务院办公厅	2019 年 2 月	《粤港澳大湾区发展规划纲要》	加强粤港澳生态环境保护合作，共同改善生态环境系统
长三角一体化发展领导小组办公室	2021 年 1 月	《长江三角洲区域生态环境共同保护规划》	确立了上海、江苏、浙江与安徽四地协作治污
中共中央办公厅、国务院办公厅	2021 年 10 月	《成渝地区双城经济圈建设规划纲要》	要求成渝经济圈城市携手共筑长江上游生态屏障，提出推动生态共建共保、加强污染跨界协同治理和探索绿色转型发展三条新路径
中共中央办公厅、国务院办公厅	2021 年 10 月	《黄河流域生态保护和高质量发展规划纲要》	合作推进保护修复黄河三角洲湿地，建设黄河下游绿色生态走廊，推进滩区生态综合整治等

资料来源：作者搜集、整理。

4.1.1.2 基于地方政府竞争角度

环境规制的选择同时受供给与需求的影响。一个区域内诸多利益相关者的选择与竞争促使环境规制的要求最终形成，一国或地区的经济发展水平和与之相适应的环境规制特征决定了环境规制的供给，也就是说，最终选择的环境规制应满足需求与供给的均衡。

为探究政府实施环境规制的强度大小，本书将构建一个理论模型，模型中影响环境规制需求的是企业和消费者。

设定消费者购买污染企业产品 Q，付款金额 P，同时还购买了环保合格企业产品 X_0，其效用函数表示为：

$$U = X_0 + U(Q) - PQ \tag{4.1}$$

设定消费者只购买合格企业的产品，当地污染所造成的破坏以 $D(E)$ 表示时，这部分消费者的效用函数为：

$$U_e = X_0 - D(E), \quad e = 1, 2, \cdots, n \tag{4.2}$$

其中，E 是污染企业的排污量，排污量越大，环保消费者的损失越多，受到的损害也越大。

企业竞争的古诺模型的反需求函数为：

$$P = P(Q) = P(q_i + q_j), \quad i, j = 1, 2 \text{ 且 } i \neq j \tag{4.3}$$

企业产量决定了排污量，所有企业的总排污量为：

$$E_0 = 2\varepsilon q_i, \quad i = 1, 2 \tag{4.4}$$

其中，ε 代表的是产量与排污量的转化。

收取排污税时涉及的指标包括企业固定成本 C_0、治理成本 C_a 与排污税 t，式为：

$$C_i(q_i, C_a, t) = C_0 q_i + [t(1-a_i) + C_a(a_i)a_i]\varepsilon q_i, \quad i = 1, 2 \tag{4.5}$$

其中，a_i 代表企业减少的污染排放，当 $C_a > 0$ 时，说明企业减排的成本在不断增加。

企业利润函数为：

$$\prod_i = P(Q)q_i - C_i(q_i, C_i, t), \quad i = 1, 2 \tag{4.6}$$

由于对称性，$q_t = q_1 = q_2$，企业的均衡产出由利润函数的一阶条件给出，即：

$$P(Q) + (\partial p/\partial q_i)q_i - C_0 = [t(1-a_i) + C_a(a_i)a_i]\varepsilon \tag{4.7}$$

企业均衡时的污染削减量由成本最小化的一阶条件得出，即：

$$dC_i/da = C_{aa}a_i + C_a - t = 0, \quad i = 1, 2 \tag{4.8}$$

总的排污量为：

$$E_t = 2(1-a_i)\varepsilon q_t \tag{4.9}$$

当实施排污标准时，规定最大排污量为 E_s，于是企业利润函数为：

$$\prod_i = P(Q)q_i - C_0 q_i - C_a(a_i)a_i\varepsilon q_i, \quad i = 1, 2 \tag{4.10}$$

约束条件为：

$$E_s = (1-a_i)\varepsilon q_i \tag{4.11}$$

此时企业的均衡产出满足：

$$P(Q) + (\partial p/\partial q_i)q_i - C_0 - C_a a\varepsilon - (1-a_i)\varepsilon[(\partial C_a/\partial a_i)a_i + C_a] = 0 \tag{4.12}$$

现设定两个地区政府协同环境规制，而环保的最终效果将被计入政绩考核当中，以获取党中央、国务院、全国人大的支持与认可。地区政府 A 代表了环保一方的利益，它们要采取严格的手段来加强环境规制，尽全力降低地方的环境污染。而地区政府 B 更多的是与其他利益集团的利益相一致，试图放松对环境的控制和管理，以获取更多的经济增量。假设地方政府的竞争是为了获取中央的财政拨款，F_a 代表地区政府 A 从中央获得的拨款，F_b 表示地区政府 B 从中央获取的拨款，则地方政府 A "获胜" 的可能性为：

$$\alpha = \frac{F_a}{F_a + F_b} \tag{4.13}$$

地方政府 B "获胜" 的可能性为：

$$1 - \alpha = \frac{F_b}{F_a + F_b} \tag{4.14}$$

当两地政府都将排污限制作为环境规制的手段后，地方政府 A 将限制设为 E_a，地方政府 B 将限制设为 E_b，最终政府的补贴金额将使预期利润函数达到最大：

$$\Omega(\textstyle\prod_i) = \alpha\left[\textstyle\prod_i(E_a) - F_i\right] + (1 - \alpha)\left[\textstyle\prod_i(E_b) - F_i\right] \tag{4.15}$$

联立式（4.13）、式（4.14）和式（4.15）得到预期利润最大化的一阶条件：

$$F_a / (F_a + F_b) - 1/\left[\textstyle\prod_i(E_b) - \textstyle\prod_i(E_a)\right] = 0 \tag{4.16}$$

同理，环保集团的预期效用函数为：

$$\Omega(U_e) = x_0 - \left[\alpha D(E_a) + (1 - \alpha) D(E_b)\right] - F_{ae} \tag{4.17}$$

效用最大化的一阶条件满足：

$$F_b / (F_a + F_b)_2 - 1\left[D(E_b) - D(E_a)\right] = 0 \tag{4.18}$$

联立式（4.16）和式（4.18）得到地方政府 A 和地方政府 B 设定的排放标准应分别满足：

$$E_a \in Arg \max W_a(E_a, E_b) = \left[D(E_a) - D(E_b)\right] / \left[\textstyle\prod_i(E_b) - \textstyle\prod_i(E_a)\right] \tag{4.19}$$

$$E_b \in Arg \max W_b(E_a, E_b) = \left[\textstyle\prod_i(E_b) - \textstyle\prod_i(E_a)\right] / \left[D(E_b) - D(E_a)\right] \tag{4.20}$$

使式（4.19）和式（4.20）实现最大化的一阶条件分别是：

$$\left[D(E_b) - D(E_a)\right](\partial\textstyle\prod_i(E_a)/\partial E_a) - \left[\textstyle\prod_i(E_b) - \textstyle\prod_i(E_a)\right](\partial DE_a/\partial E_a) = 0 \tag{4.21}$$

$$\left[D(E_b) - D(E_a)\right](\partial\textstyle\prod_i(E_b)/\partial E_b) - \left[\textstyle\prod_i(E_b) - \textstyle\prod_i(E_a)\right](\partial DE_b/\partial E_b) = 0 \tag{4.22}$$

联立式（4.30）和式（4.31）得：

$$E_a = E_b \tag{4.23}$$

由此我们可知：多地政府制定排污标准后，为了其竞争性达到最高，它们将统一排污标准。

当多地政府使用排污税作为手段后，地方政府 A 将税率设为 $=t_a$，地方政府 B 将税率设为 t_b，最终环保集团与企业的预期利润与效用函数表示为：

$$\Omega(U_e) = x_0 - \{\alpha D[E(t_a)]\} + (1-\alpha)D[E(t_b)] - A_e \tag{4.24}$$

$$\Omega(\Pi_i) = \alpha[\Pi_i(t_a) - F_i] + (1-\alpha)[\Pi_i(t_b) - F_i] \tag{4.25}$$

预期利润最大化和预期效用最大化的一阶条件分别为：

$$F_a / (F_a + F_b) - 1 / [\Pi_i(t_b) - \Pi_i(t_a)] = 0 \tag{4.26}$$

$$F_a / (F_a + F_b) - 1 / \{D[E(t_b)] - D[E(t_a)]\} = 0 \tag{4.27}$$

联立式（4.25）和式（4.26），通过式（4.25）和式（4.27）得到两个地方政府的税率选择应分别满足：

$$t_a \in \text{Argmax} W_a(t_a, t_b) = \{D[E(t_b)] - D[E(t_a)]\} / [\Pi_i(t_b) - \Pi_i(t_a)] \tag{4.28}$$

$$t_b \in \text{Argmax} W_b(t_a, t_b) = [\Pi_i(t_b) - \Pi_i(t_a)] / \{D[E(t_b)] - D[E(t_a)]\} \tag{4.29}$$

分别求式（4.28）和式（4.29）最大化的一阶条件并联立得：

$$t_a = t_b \tag{4.30}$$

由此得出结论：当两地方政府都选择排污税政策时，具有最大的竞争性，它们会制定相同的排污税税率。

4.1.1.3 环境规制强度收敛假说提出

根据上述两个角度的理论分析，可以看出：基于地方政府合作的视角，各地方政府会通过中央政府的统一调控与自适应协调，形成环境的区域协同治理，从而促使各地方环境规制强度趋于收敛；基于地方政府竞争的视角，各地方政府为了良好的环境政绩，通过博弈调控税率，最终形成相同的排污税税率。基于此，本书提出第一个理论假说：

H1：随着地方政府之间的合作与竞争，企业承担更多的社会责任、人民收入增多、企业产业结构完善优化，环境规制强度的差距会逐渐缩小，理论上可以出现收敛趋同的情况。

4.1.2　收敛性理论与模型

新古典增长理论衍生出的收敛性理论，最终成为当代的经济理论当中重要的内容。该理论最初用以测算经济增长水平，主要根据该理论来分析地区的经济发展不平衡问题。随着该理论逐渐成熟并广泛应用，收敛性理论的适用范围进一步扩大，目前在计算能源效率、经济增长、要素生产率等领域均可使用。借鉴经济增长中的收敛分析方法，本书构建了环境规制收敛模型，定量分析环境规制的积累效应，由此来对中国环境规制现状展开检验，最终可统计得出 σ-收敛、绝对 β-收敛和条件 β-收敛三种方式。下面将对其分别进行介绍：

4.1.2.1　σ-收敛

σ-收敛体现了一个统一的经济体内不同主体的经济收入产出随着不断发展而变化的态势，这一态势为离差值的不断降低，它体现了这一地区的经济存量水平。利用变异系数可测算不同地区的环境规制强度差异以及其变化，计算公式为：

$$\sigma_t = \frac{\sqrt{\sum_{i=1}^{n}(ER_{i,t} - \overline{ER_t})^2/2}}{\overline{ER_t}} \tag{4.31}$$

其中，$ER_{i,t}$ 为地区 i 在 t 时期的环境规制强度，$\overline{ER_t}$ 为 i 地区 t 时期环境规制强度的均值。$\sigma_{t+1} < \sigma_t$ 代表了随着不断的发展，其强度的离散系数值不断降低，出现了 σ-收敛。

4.1.2.2　绝对 β-收敛

绝对 β-收敛表示的是虽然地区不同但是其环境规制的稳态水平一致，也就是说，即便某些地区原本的环境规制强度较低，但是该地区在经历了快速增长之后，当地的环境规制强度同样能与原本强度较高的地区一致。本书采用截面数据来对绝对 β-收敛进行检验，借鉴 Barro（1995）的方式，得到了绝对 β-收敛模型：

$$\ln(ER_{i,t+T}/ER_{i,t})/T = \alpha + \beta \ln ER_{i,t} + \mu_{i,t} \tag{4.32}$$

其中，α、β 分别为常数项与回归系数，$\mu_{i,t}$、i 分别为误差项与不同地区，t 代表时间，$\ln(ER_{i,t+T}/ER_{i,t})/T$ 代表的是 i 从 t 到 $t+T$ 这一期间之内环境规制强度的变动水平，T 代表了开始与末尾的时间长度。当 $\beta<0$ 时，我们可知，若环境规制强度提升，其初始水平则下降，所以环境规制强度较低的地区经济增速将高于环境规制强度高的地区，所以绝对 β-收敛存在。依据收敛理论，最终式为：

$$\beta = -\frac{1 - e^{-\lambda T}}{T} \tag{4.33}$$

4.1.2.3 条件 β-收敛

从新古典经济学中可得到绝对收敛的观点，但由新增理论可知，不同地区的发展条件不同，最终的收敛结果也将不同。同理，国内各地区发展的多个阶段其发展情况不尽相同，如果这些地区的基础条件有所改变，最终得到的结论也将完全不同。因此，要想进一步研究收敛问题，就必须考虑不同的外部环境，要确定环境规制强度的收敛性问题，也就是确定条件 β-收敛。检验条件 β-收敛应当首先控制多个不同变量，分析多地区环境规制强度变化是否会随着时间的推移而逐渐缩小。本书将依照当前结论，综合经济、社会、环境等因素的复杂性，加入 6 个控制变量，探究环境规制强度的条件 β-收敛，构建如下条件 β-收敛模型：

$$\frac{ER_{i,\,i+1}}{ER_{i,\,t}} = \alpha + \beta \ln ER_{i,\,t} + \sum_{j=1}^{n} \lambda_j X_{j,\,i,\,t} + \varepsilon_{i,\,t} \tag{4.34}$$

其中，λ_j 为第 j 个控制变量 $X_{i,t}$ 的回归系数。本书根据已有研究成果将影响环境规制强度的主要因素作为控制变量，包括人均 GDP（表征地方经济发展水平）、R&D 经费内部支出（表征地方科技水平）、人口增长率（表征地方人口规模）、第三产业增加值占 GDP 比重（表征地方产业结构）、能源效率（表征地方能源效率）①、FDI（表征外商投资值）。

4.1.3 环境规制的 σ-收敛

可利用变异系数来判断中国不同地区的环境规制强度 σ-收敛检验（见表 4.2）。2004—2019 年，全国、华北、东北、华东、华中、华南、西南及西北的环境规制强度整体上存在 σ-收敛。全国环境规制强度的变异系数从 2004 年最大值 0.609 到 2019 年的最小值 0.396，变异系数缓慢下降。其在 2017—2018 年快速下降，从 0.475 断崖式下跌至 0.425。从七大地区分区来看，华东地区环境规制强度的收敛速度最快，其变异系数从 2004 年的 0.478 下跌至 2019 年的 0.162，下跌了 66.1%，在 2019 年其变异系数是七大地区中最低的，可以说华东地区六省一市环境规制强度率先完成了趋同收敛。华南地区与西北地区环境规制强度变异系数分别从 2004 年的 0.725 与 0.723 下降到 2019 年的 0.588 与 0.558，分别下降了 18.9% 与 22.8%，是七大地区中下跌幅度最小的两个地区，说明华南与西北地区环境规制强度内部依然有差距。其原因可能是华南地区的广东、广西、海南三省区经济差异较大，且海南与广东相隔琼州海峡，没有陆地接壤，较难实现环境规制政策的协作；而西北地区地域辽阔，且经济发展水平相对落后，新疆、青海、陕西、宁夏四省区经济差距较大，难以统一环境治理的目标。横向对比来看，华东地区其历年的环境规制变异系数相较于全国其他地区明显更低，而东北、华北等地区的系数值比较相近，其演变特征与国内整体相一致。通过收敛原理，如果一个地区环境规制呈收敛态势，则该地区加强环境规制强度后，落后地区与发达地区的差距将会缩小，但是该区域内环境规制强度的演变特征却是未知的。而造成这一现状的原因是不同省份之间的经济发展水平、位置条件、发展基础等差距过大，并且区域内能源利用效率明显不一致；还有就是，不同地区所采取的环境规制强度不同，因此环境存在差异。

---

① 此项指标需要数据包络（DEA）模型计算，数据结果来源于马克数据网。

表 4.2 全国及七大区域环境规制强度的 σ 系数

年份	全国	华北	东北	华东	华中	华南	西南	西北
2004	0.609	0.562	0.521	0.478	0.681	0.725	0.573	0.723
2005	0.585	0.554	0.491	0.471	0.672	0.718	0.565	0.621
2006	0.547	0.488	0.45	0.459	0.621	0.704	0.550	0.558
2007	0.539	0.494	0.394	0.456	0.619	0.701	0.547	0.564
2008	0.528	0.502	0.404	0.432	0.591	0.675	0.518	0.571
2009	0.516	0.495	0.388	0.419	0.581	0.660	0.502	0.565
2010	0.500	0.505	0.376	0.379	0.594	0.616	0.454	0.574
2011	0.501	0.494	0.364	0.393	0.587	0.632	0.471	0.564
2012	0.514	0.530	0.393	0.393	0.584	0.632	0.471	0.598
2013	0.500	0.521	0.398	0.386	0.521	0.624	0.463	0.589
2014	0.502	0.494	0.397	0.396	0.552	0.635	0.475	0.564
2015	0.504	0.487	0.401	0.412	0.523	0.653	0.494	0.557
2016	0.496	0.490	0.397	0.403	0.499	0.643	0.483	0.560
2017	0.475	0.426	0.365	0.380	0.492	0.610	0.456	0.594
2018	0.425	0.405	0.357	0.254	0.489	0.579	0.304	0.584
2019	0.396	0.377	0.289	0.162	0.484	0.588	0.314	0.558

资料来源: 作者绘制。

4.1.4 环境规制的绝对 β-收敛

表 4.3 给出了全国层面的绝对 β-收敛检验结果, 可以看出指标 ER 的回归系数为-0.147, 且在 1%的水平下显著, 说明全国环境规制强度存在绝对 β-收敛的特征; 年均收敛速度为 0.72%, 说明环境规制强度高的省份与环境规制强度低的省份之间形成"追赶效应"。导致这一现状的原因在于近十年来我国开始对能源的消耗问题予以重视, 对能源消耗进行了严格的约束, 加快了地区能源消耗改革的步伐, 使能源消耗结构得以优化; 同时, 对能量的消耗数量和效率进行了控制, 使当地能源消耗速度得以明显降低。国家整体在节能方面都更为重视, 国内不同地区的环境规制差异缩小。

表 4.3　全国及七大区域环境规制强度绝对 β-收敛检验

变量	全国	华北	东北	华东	华中	华南	西南	西北
α	0.622*** (5.907)	0.577*** (5.509)	0.461*** (3.480)	1.116*** (6.895)	0.417*** (4.872)	0.368*** (4.125)	0.492*** (3.258)	0.364*** (4.844)
ER	-0.147*** (-4.852)	-0.233*** (-5.299)	-0.028*** (-6.713)	-0.368*** (-8.665)	-0.094*** (-4.193)	-0.074*** (-3.261)	-0.096*** (-3.657)	-0.114*** (-3.582)
R^2	0.487	0.201	0.050	0.141	0.517	0.080	0.047	0.251
F 统计值	4.366***	2.988***	2.433***	8.946*	1.267***	5.030	3.939***	4.337*
DW 统计值	1.548	2.436	2.180	2.252	1.651	0.424	1.926	2.441
是否收敛	是	是	是	是	是	是	是	是
是否显著	是	是	是	是	是	是	是	是
收敛速度	0.72%	1.25%	0.42%	1.41%	0.76%	0.26%	0.38%	0.39%

注：括号内为 t 统计量。*、**、*** 分别表示 10%、5%、1%的显著性水平。

资料来源：作者绘制。

分区域来看，绝对 β-收敛模型下，华北、东北、华东、华中、华南、西南、西北地区 ER 的回归系数均显著为负，表明七大地区的环境规制强度呈绝对 β-收敛特征，在区域内节能减排的方法意识均是一致的，各个地区内部的省份团结互助、精诚协作，环境规制强度在较长一段时间之内都将稳态收敛；但仍然离不开统一政策手段的控制。随机效应（FGLS）模型估计下，预计整个区域内诸多条件都相同，而华东地区的收敛速度最快，高达 1.41%，远高于全国的 0.72%；随后分别是华北、华中、西北、西南、华南；收敛速度最慢的华南地区仅有 0.26%。这一结论与本章环境规制强度地区差异及 σ-收敛结论基本吻合。

4.1.5　环境规制的条件 β-收敛

条件 β-收敛模型回归结果如表 4.4 所示。可以看出，全国环境规制强度指标 ER 为负，说明国内整体的规制强度为条件 β-收敛，进一步说明国内的环境规制强度趋势走向为稳态水平。从控制变量的系数来看，经济发展水平系数（PGDP）小于 0 的同时通过了显著性检验，说明当前地区的经济发展水平使环境规制强度收敛，根据库兹涅茨曲线，经济增长到某个临界水平后，政府与企业都具备较强的经济实力与意愿治理污染。科技水平系数（STL）小于0，且通过了显著性检验，说明当前地区的科技水平将使环境规制强度收敛。科学技术发展可提升环境治理效率，降低企业污染排放量，减少污染治理支出，提升能源利用水平，综合提高环境治理效率。人口增长系数（PGR）大于0，且通过了显著性检验，说明当前地区的人口增长不会使环境规制强度收敛。这或许是由于当前我国人口分布的格局短期内不会改变，主要特征是"东高西低""南高北低"，人口集聚地区多为经济发达地区，具有良好的环境治理与协同治理经验，人口数量的变动对环境规制强度收敛性的变化影响甚微。产业结构（IS）的系数为负，但不显著，在此不予赘述。能源效率系数（EE）小于0，且通过了显著性检验，说明当前地区的能源效率的提升将使环境规制强度收敛；提升能源利用效率将使污染减少，提高能源利用率，降低GDP能耗，促进各地方环境规制强度的趋同。外商直接投资水平系数（FDI）小于0，且通过了显著性检验，说明外商直接投资可以有效促进环境规制强度的收敛。一方面，FDI的注入可促使内资企业在不断的竞争中实现自我技术创新和改革，有助于中国企业增强工业污染减排能力，从而使能源利用效率提升，生产技术得以革新，最终推动行业环境技术水平也有所改进。另一方面，在国内的外资企业也可以对本国劳工或管理人员进行培训，增强国内的基础设施建设水平，拉动上游企业提升自己的技术能力，也可以结合高质量生产和供应限制等手段来强行拉动生产企业提升技术创新水平。

表4.4 全国及七大区域环境规制强度条件 β-收敛检验

变量	全国	华北	东北	华东	华中	华南	西南	西北
α	0.545*** (4.545)	1.045*** (4.501)	0.170*** (3.812)	0.945*** (8.512)	0.124*** (3.515)	0.757*** (5.411)	0.552*** (3.754)	0.265*** (7.518)
ER	-0.117*** (-3.452)	-0.132*** (-3.112)	-0.093*** (-3.348)	-0.216*** (-8.928)	-0.084*** (-3.342)	-0.278*** (-3.563)	-0.021*** (-7.342)	-0.024*** (-5.228)
PGDP	-0.313*** (-4.366)	-1.434*** (-3.424)	-0.124*** (-3.451)	-0.457*** (-8.156)	-0.457*** (-3.456)	-0.353*** (-2.634)	-0.785*** (-3.544)	-0.784*** (-3.342)

续表

变量	全国	华北	东北	华东	华中	华南	西南	西北
STL	-0.234** (-2.453)	-0.453** (-2.519)	-0.042 (-1.450)	-0.353*** (-8.665)	-0.134** (-2.223)	-0.275** (-2.371)	-0.056* (-1.877)	-0.074* (-1.343)
PGR	0.458** (2.454)	2.241** (2.457)	0.231 (0.470)	0.336** (2.175)	0.347** (2.354)	0.564* (1.917)	0.342* (1.751)	0.342 (0.451)
IS	-0.335 (-0.852)	-0.282* (-1.799)	-0.028* (-1.713)	-0.168* (-1.695)	-0.094 (-1.193)	-0.204 (-1.261)	-0.036 (-1.257)	-0.014 (-0.582)
EE	-0.298** (-2.123)	-1.137* (-1.905)	-0.141 (-0.856)	-0.716** (-2.495)	-0.410** (-2.272)	-0.768* (-1.723)	-0.152 (-0.145)	0.364 (0.744)
FDI	-0.726** (-2.334)	-0.368* (-1.653)	-0.098*** (-3.191)	0.544* (-1.995)	-0.024* (-1.734)	-0.301 (-0.131)	0.087*** (5.437)	0.069 (0.512)
R^2	0.342	0.235	0.045	0.245	0.345	0.109	0.234	0.562
F 统计值	15.234***	3.082**	4.342***	2.940*	10.124**	3.3452	7.342***	2.947*
D-W 统计值	1.548	2.436	2.180	2.252	1.651	0.424	1.926	2.441
是否收敛	是	是	是	是	是	是	是	是
是否显著	YES	是	是	是	是	是	是	是
收敛速度	1.33%	1.625%	1.512%	1.77%	0.88%	0.41%	0.74%	0.71%

注：括号内为 t 统计量。*、**、***分别表示 10%、5%、1%的显著性水平。

资料来源：作者绘制。

从七大地区来看，所有地区环境规制系数（ER）均小于 0，且在 1%的水平下显著，说明华北、东北、华东、华中、华南、西南、西北地区的环境规制强度存在条件 β-收敛。与全国相比，华中、华南、西南、西北四地区收敛速度分别为 0.88%、0.41%、0.74%、0.71%，低于全国 1.33%的收敛速度，华北、东北、华东三地区收敛速度为 1.625%、1.512%、1.77%，高于全国收敛速度，这一实证结果与 σ-收敛、绝对 β-收敛结论基本一致。

经济发展水平（PGDP）的回归系数在七大地区中均表现为显著为负，且是 6 个控制变量指标中唯一均在 1%水平下显著的。这说明尽管七大地区区位不同、自然环境不同、综合发展水平不同，但提升环境规制强度收敛的关键因素是经济发展水平。经济发展水平提高后，居民对环境质量将提出更高的要求，政府部门会通过提高环境规制强度寻求技术创新、产业升级、降低 GDP 能耗，驱使各地区环境规制强度的收敛。

科技水平（STL）的回归系数，华东地区在 1% 水平下显著为负，华北、华南、华中地区在 5% 水平下显著为负，西南、西北地区在 10% 水平下显著为负，东北地区不显著。可以看出，科技水平在相对发达的华东地区可更好地促进环境规制强度的收敛，而在经济相对落后的东北、西南、西北地区促进程度相对较低，这可能是由于技术水平对环境规制强度收敛的影响极度依赖地方经济发展水平。

人口增长（PGR），华东、华北、华中地区在 5% 水平下显著为正，华南、西南地区在 10% 水平下显著为正，东北、西北地区不显著。华东、华北、华中等地区均是我国人口高密度地区，人口越多污染排放强度越高，高污染导致环境规制强度必然具有差异性，以至于人口的提升对环境规制强度收敛具有反向作用；而东北、西北地区内部多省份人口负增长，其人口的增长对环境规制强度的收敛影响不显著。

产业结构（IS），东北、华中、华东地区在 10% 水平下显著为负，其余地区不显著。因为华东、东北地区工业比较发达，污染物排放较多，是其主要的污染源。

能源效率（EE），华东、华中地区在 5% 水平下显著为负，华北、华南地区在 10% 水平下显著为负，其余地区不显著。这是由于华东、华中、华北、华南等地区产业集聚，人口稠密，能源需求较高，能源效率的提高可降低对能源的依赖，提高污染减排水平，从而促使环境规制强度的趋同。

外商直接投资水平（FDI），东北、西南地区在 1% 水平下显著为负，华北、华东、华中地区在 5% 水平下显著为负，华南、西北地区不显著。这说明在东北、西南等相对不发达地区，仍需要外商直接投资的注入以促进环境规制强度的趋同。

4.2 环境规制对工业污染空间分异的 影响机制分析

地区环境规制水平的差异会使工业污染在空间上产生分异，为了探索环境规制对工业污染空间分异的作用机理，本节借鉴王竹君（2020）与李心怡（2021）的研究，以 Taylor 和 Copeland 的模型为基础，构建环境规制对工业污染作用机理的数理模型，揭示环境规制在企业生产过程中如何影响工业污染排放的差异。

4.2.1 基本假设

设定一个地区有两家企业 A 与 B，而 A 企业属于高污染行业企业，排污量较大，设定其期望产出是 a，污染物（非期望产出）为 u；B 为环保企业，期望产出是 b，B 企业没有排污，所以也没有非期望产出。然后将 b 产品价格定为 l，a 价格定为 p。A、B 企业为了生产所投资的生产要素，A 是资本 K，B 是劳动 L，两家的收入分别为 r 和 w，两家企业要素禀赋分别是 k_0 与 l_0。

A 公司主打两种产品，将该公司在生产中的期望产出设为 a，污染物（非期望产出）设为 u，在缺乏外部因素对该公司生产的影响的情况下，该公司工业污染物大量排出，而该公司所生产的两种产品的占比永远是固定的，所以得出该公司的生产函数：

$$F(k_a, l_a) = k_a^\delta k_a^{1-\delta} \tag{4.35}$$

$$u = a = F(k_a, l_a) \tag{4.36}$$

B 公司所生产的产品 b 生产函数：

$$F(k_b, l_b) = k_b^\beta k_b^{1-\beta} \tag{4.37}$$

A、B 两家企业所要生产的三种产品，都应当满足三大条件：①稻田条件[①]；②F 和 H 函数单调递增；③长期处于同一规模报酬。

环境规制力度加大后，企业在生产中更加重视减排，在 A 企业的生产过程中投入了比例为 $\theta \in [0, 1]$ 的生产要素（θ 是内生变量），所以，两种产品 a 和 u 的生产函数为：

$$x(k_a, l_a) = F[(1-\theta)k_a, (1-\theta)l_a] = (1-\theta)F(k_a, l_a) = (1-\theta)k_a^\delta k_a^{1-\delta} \tag{4.38}$$

$$u = \varphi(\theta)F(k_a, l_a) \tag{4.39}$$

$\varphi(\theta)$ 表明企业在生产环节中重视减排确实能对环境保护起到积极作用，函数满足 $\frac{\partial \varphi}{\partial \theta} < 0$，$\varphi(0) = 1$，$\varphi(1) = 0$。为了使结果更容易获得，需要简化函数，设函数为：

$$\varphi(\theta) = (1-\theta)^{\frac{1}{\alpha}} \tag{4.40}$$

其中，$\alpha \in (0, 1)$，非期望产出 u 的生产函数可化为：

$$u = \varphi(\theta)F(k_a, l_a) = (1-\theta)^{\frac{1}{\alpha}}F(k_a, l_a) = (1-\theta)^{\frac{1}{\alpha}}k_\alpha^\delta l_\alpha^{1-\delta} \tag{4.41}$$

可得期望产品 a 的产出为：

$$a = u^\alpha F^{1-\alpha} = u^\alpha (k_\alpha^\delta l_\alpha^{1-\delta})^{1-\alpha} \tag{4.42}$$

4.2.2　企业降污减排成本分析

所有企业的经营目的都是盈利，所以追求的都是最小化成本、最大化盈利，为了使企业的生产能实现成本最小化，对于没有非期望产出的 B 企业来说，使成本最小化的函数为：

$$c^b(w, r) = \min_{k_b, l_b} \{rk_b + wl_b : H(k_b, l_b) = k_b^\beta k_b^{1-\beta} = 1 \tag{4.43}$$

$c^b(w, r)$ 是该企业的生产成本，通过上文中的条件，最后得到单位产量成

---

① 稻田条件指某种新古典生产函数，满足：$f(0) = 0$；一阶导数大于 0，二阶导数小于 0；另外，当生产要素投入趋于 0 时，一阶导数的极限无穷大，当生产要素的投入趋于无穷大时，一阶导数的极限等于 0。

本函数：

$$c^b(w, r) = k_b(w, r) \times r + l_b(w, r) \times l = \frac{(1-\beta)^{\beta-1}}{\beta^\beta} r^\beta w^{1-\beta} = Mr^\beta w^{1-\beta} \qquad (4.44)$$

其中，$M = \dfrac{(1-\beta)^{\beta-1}}{\beta^\beta} r^\beta w^{1-\beta} > 0$。

在规模报酬不变的背景下，b 产品的生产量与其成本相乘，最终得出该产品的总生产成本，即：

$$C^b(w, r) = c^b(w, r) \times b \qquad (4.45)$$

A 企业在没有环境规制的背景下，污染排放量 u 便不算入成本当中，在这一背景下该公司为了保障本企业的利益，使自身收益最大化，便不可能采取节能减排行为，而这时其成本最小化的计算方法为：

$$c^F(w, r) = \min_{k_a, l_a}\{rk_a + wl_a : H(k_a, l_a) = k_a^\delta k_a^{1-\delta} = 1\} \qquad (4.46)$$

同理可得单位产量：

$$c^F(w, r) = k_a(w, r) \times r + l_a(w, r) \times l = \frac{(1-\delta)^{\delta-1}}{\delta^\delta} r^\delta w^{1-\delta} = Nr^\delta w^{1-\delta} \qquad (4.47)$$

其中，$N = \dfrac{(1-\delta)^{\delta-1}}{\delta^\delta} r^\delta w^{1-\delta} > 0$。

但是在现实的生产经营当中，一个地区的政府必然会对企业施加诸多限制，也就必然有环保相关政策影响着企业，所以 A 企业必然要考虑受到环境政策的影响，所以该企业应考虑由于治理污染，减少排放所要支出的成本，为了更方便地得出结果，本书设定 A 企业需要支付排污费，假设政府向 A 企业收取的排污费用为 τ，得出该公司单位产量成本最小化结果：

$$c^a(w, r, \tau) = \min_{z, F}\{\tau u + c^F(w, r) : u^\alpha F^{1-\alpha} = 1\} \qquad (4.48)$$

一阶求导后：

$$\frac{u}{F} = \frac{1-\alpha}{\alpha} = \frac{c^F}{\tau} \qquad (4.49)$$

在零利润条件下：

$$pa = c^F F + \tau u \qquad (4.50)$$

由上文我们可最终确定该企业的单位排放量：

$$e = \frac{u}{a} = \frac{\alpha p}{\tau} \leqslant 1 \qquad (4.51)$$

上式当中的 e 即污染密度。

由此我们可知，假设企业的产品价格较高，该企业便可通过大量的排放污染而获得更多收益，一旦该企业开始采取减少排污的环保经营策略，企业利润就会降低，所以在政府不干预这类企业生产的条件下，企业不可能自觉减少排污，而是会选择更大量的排污来维持自身利益；当政府着手控制环境污染后，政策越严苛，企业的生产成本也就越大，企业因此不得不采取一系列的节能减排策略，借助减排来减少成本，所以此时污染密度 e 会降低。

4.2.3 环境规制下企业收益分析

B 企业的生产没有污染物排出，所以计算该企业收益无须考虑减排行为，得出利润：

$$\pi^b = H(k_b, \ l_b) - rk_b - wl_b \qquad (4.52)$$

而 A 企业会排放污染，在结合减排费用的条件下，得出利润：

$$
\begin{aligned}
\pi^a &= pa(k_a, \ l_a) - rk_a - wl_a - \tau u \\
&= (p - \tau e) a(k_a, \ l_a) - rk_a - wl_a \\
&= p(1-\alpha) a(k_a, \ l_a) - rk_a - wl_a \\
&= p(1-\alpha)(1-\theta) F(k_a, \ l_a) - rk_a - wl_a
\end{aligned} \qquad (4.53)
$$

令 $p^F = p (1-\alpha)(1-\theta)$，企业追求利润最大化需满足以下条件：

当零利润时才允许自由进出市场，此时成本与售价是相等的，也就是：

$$c^F(w, \ r) = p^F \qquad (4.54)$$

$$c^b(w, \ r) = 1 \qquad (4.55)$$

可得：

$$r(p^F) = N^{\frac{\beta-1}{\delta-\beta}} M^{\frac{1-\delta}{\delta-\beta}} (p^F)^{\frac{1-\beta}{\delta-\beta}} = P(p^F)^{\frac{1-\beta}{\delta-\beta}} \qquad (4.56)$$

$$w(p^F) = N^{\frac{-\beta}{\beta-\delta}} M^{\frac{\delta}{\beta-\delta}} (p^F)^{\frac{\beta}{\beta-\delta}} = Q(p^F)^{\frac{\beta}{\beta-\delta}} \tag{4.57}$$

其中，$P = N^{\frac{\beta-1}{\delta-\beta}} M^{\frac{1-\delta}{\delta-\beta}} > 0$，$Q = N^{\frac{-\beta}{\beta-\delta}} M^{\frac{\delta}{\beta-\delta}} > 0$。

所有生产要素都应被利用，各个要素的供求一致时，单位产品需求要素函数为：

$$k_b(w,\ r) = \frac{\partial c^b(w,\ r)}{\partial r} = M\beta r^{\beta-1} w^{1-\beta} \tag{4.58}$$

$$l_b(w,\ r) = \frac{\partial c^b(w,\ r)}{\partial w} = M(1-\beta) r^{\beta} w^{-\beta} \tag{4.59}$$

$$k_F(w,\ r) = \frac{\partial c^F(w,\ r)}{\partial r} = N\delta r^{\delta-1} w^{1-\delta} \tag{4.60}$$

$$l_b(w,\ r) = \frac{\partial c^F(w,\ r)}{\partial w} = N(1-\delta) r^{\delta} w^{-\delta} \tag{4.61}$$

将产品数量与产品要素相乘可知总需求要素，数学方程表达为：

$$k_b(w,\ r)b + k_F(w,\ r)F = \bar{k} \tag{4.62}$$

$$l_b(w,\ r)b + l_F(w,\ r)F = \bar{l} \tag{4.63}$$

解联立方程组，并结合已有等式，可得：

$$b(p^F, \bar{k}, \bar{l}) = \frac{\delta Q(p^F)^{\frac{\beta}{\beta-\delta}} \bar{l} - (1-\delta) P(p^F)^{\frac{1-\beta}{\delta-\beta}} \bar{k}}{\delta-\beta} \tag{4.64}$$

$$a(p^F, \bar{k}^2, \bar{l}) = (1-\theta) F(p^F, \bar{k}, \bar{l}) = \frac{(1-\beta) P(p^F)^{\frac{1-\beta}{\delta-\beta}} \bar{k} - \beta Q(p^F)^{\frac{\beta}{\beta-\delta}} \bar{l}}{p(1-\alpha)(\delta-\beta)} \tag{4.65}$$

本书的研究目标是环境规制所造成的影响，在本案例当中需要参考排污费用变化后对企业所产生的影响，原本的均衡生产开始调整，所以要对环境规制强度进行求偏导数：

$$\frac{\partial b}{\partial \tau} = \frac{\partial b}{\partial p^F} \cdot \frac{\partial p^F}{\partial \tau} = -\frac{\delta\beta Q(p^F)^{\frac{\delta}{\beta-\delta}} - (1-\delta)(1-\beta) P(p^F)^{\frac{1-\delta}{\delta-\beta}} \frac{\partial p^F}{\partial \tau}}{(\delta-\beta)^2} > 0 \tag{4.66}$$

$$\frac{\partial a}{\partial \tau} = \frac{\partial a}{\partial p^F} \cdot \frac{\partial p^F}{\partial \tau} = -\frac{(1-\beta)^2 P(p^F)^{\frac{1-\delta}{\delta-\beta}} \frac{\delta}{k} - \beta^2 Q(p^F)^{\frac{\delta}{\beta-\delta}} \bar{k}}{(\delta-\beta)^2} \cdot \frac{\partial p^F}{\partial \tau} < 0 \tag{4.67}$$

根据上式我们可知，当环境控制强度下降（τ减少），将会导致企业排放的污染增多，而环保生产的 b 产品产量也将下跌，此时环境污染大大提升；当环境控制强度上升后（τ增加），生产 a 产品所造成的污染下降，该产品产量下降，环保生产的 b 产品增多，污染水平整体下降。由此可知，环境规制强度的变化，将会使不同类型产品的产量出现变化，也会导致不同程度的工业污染排放，进而导致工业污染空间分布的异质性。

4.3 环境规制对工业污染空间溢出的影响机制分析

由前述的数理推导可知，环境规制水平的异质性导致工业污染空间分布的差异。那么，本地环境规制的实施对相邻地区又会产生怎样的影响？其影响机制与路径又是什么？本节重点讨论环境规制对工业污染的空间溢出机理，识别影响邻地工业污染的影响因素，摸清因素作用路径。

4.3.1 理论机制

空间溢出的本质是经济学中的"外部性"。环境规制不仅会对本地区的工业污染产生影响，也会对邻近地区的工业造成影响，如本地的环境规制强可能会迫使污染产业向周边地区转移，从而加大邻近地区的环境污染；本地的环境规制强，也可能会带动邻近地区的环境规制加强，从而形成环境规制的协同效应，这会使邻近地区的环境污染得到进一步改善。本节对环境规制的空间溢出的作用机制进行讨论，将环境规制具体分为市场型、政府型与公众型，从理论上分析不同类型环境规制对工业污染空间溢出的传导机制（如图 4.1 所示）。

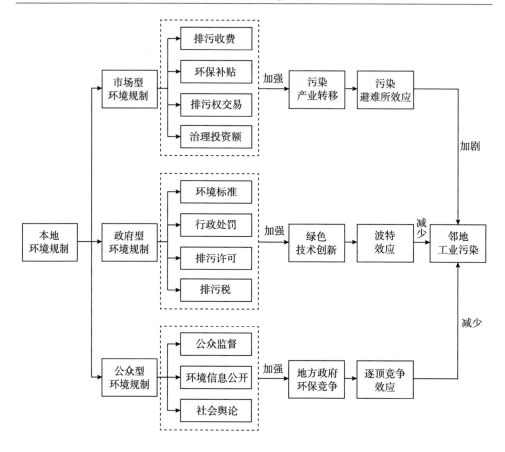

图 4.1　不同环境规制类型对工业污染空间溢出机制

资料来源：作者绘制。

4.3.1.1　市场型环境规制对工业污染的溢出影响机制

市场型环境规制是指通过将环境成本内部化以使企业主动降低工业污染排放的污染减排工具。在市场经济中，企业的治污成本可被视为企业的可变成本，政府会建立排污权交易机制，促进排污企业之间通过货币交换的方式相互调剂排污量。同时，对排污企业收取排污费，向工业污染减排企业发放环保补贴，从而使企业的工业污染排放市场化。但在市场运作不成熟，尤其是不同地区的排污费用差距过大，排污权交易较为落后的条件下，简单地推动市场激励型规制工具难以起到推动创新的效果，反而会出现资源要素错配和价格扭曲的乱象，进而导致本地污染企业向周边地区转移，滋生"污染避难所"现象，加重环境治理负担，从而加剧了邻近地区的工业污染排放。

4.3.1.2 政府型环境规制对工业污染的溢出影响机制

政府型环境规制在实践中依赖行政与法律的强制手段，是强制性最明显的手段。在这一背景下，市场主体缺乏自己决定的能力，只能被迫地接受政府管理，听从上级安排。政府型环境规制通过环境标准、行政处罚、排污许可、排污税等方式使企业制定自身环保策略，如工艺改进、技术创新等，进而推动环境改善。根据"波特假说"我们可知，只有在合理的规制工具下具备相当的发展潜力的企业才会实现技术创新，根据创新补偿理论，补偿由于环境规制所造成的企业损失，只有在这种条件下才能实现环境保护与经济效益二者协同。相邻地区的工业企业会通过技术溢出效应促使污染治理与生产技术的升级，以此来缓解政策对企业的压力。随着政府型环境规制的施压、绿色技术和高标准的运用、消费者对环保产品的需求越来越高，本地与邻地工业企业均会主动调整企业策略，使用创新技术提升服务能力。因此，政府型环境工具的实施将触发"波特效应"与技术溢出效应，降低本地与邻地的工业污染排放。

4.3.1.3 公众型环境规制对工业污染的溢出影响机制

这一类型的环境规制工具源自社会各界组织与个人通过各种形式对企业形成的压力，促使企业不得不调整策略，开始减少排污。公众型环境规制对工业污染的溢出影响路径为环境信息公开、公众监督、与社会舆论引发地方政府的环保竞争，从而触发环境治理的"逐顶竞争效应"，降低相邻地区的工业污染排放。在政府、企业所构成的多元环境治理主体中，制造舆论压力，创造多媒介传播、公众集体运动将会给企业排污与政府宽松的环境政策带来压力，而社会大众的集体监督也更有利于震慑企业、增强政府对生态环境的重视，所有的社会公众都是当地的利益相关者，所以在存在着共同的利益与拥有环保诉求的条件下，企业可以依靠调整自身策略来保障当地的稳定，社会大众对环境的重视也是更好的监督手段。

4.3.2　因素识别模型

在本小节我们选用结构方程模型，检验三种环境规制工具对邻地工业污染的影响路径系数。模型具体的估计方式可用如下表示：

$$X = \Lambda_X \xi + \delta \tag{4.68}$$

$$Y = \Lambda_Y \eta + \varepsilon \tag{4.69}$$

其中，Y 与 X 分别为内生与外生变量而成的向量；η 与 ξ 分别为经过标准化处理后的内生与外生的潜在变量；Λ_Y 为内生观测变量在其内生潜在变量上的因子矩阵，Λ_X 为外生观测变量在其外生潜变量上的因子负荷矩阵，ε 与 δ 均为残差矩阵。

利用结构模型我们来确定潜在变量与观测变量之间的关系，得到表达式如下所示：

$$\eta = B\eta + \Gamma\xi + \xi \tag{4.70}$$

其中，B 代表了潜在变量之间的影响效应；Γ 代表了外在变量对内在变量所造成的影响效应，也是外在变量对内在变量的影响效应，还是外在受内在变量影响的路径系数；ξ 为 η 的残差向量。

模型中各项潜变量、显变量与指标见表 4.5。

表 4.5　SEM 模型潜变量及显变量说明

变量	潜变量名称	显变量说明	指标
MER	市场型环境规制	排污费	X_{11}
		环保补助	X_{12}
GER	政府型环境规制	地方性法规和地方政府规章数	X_{21}
		当年备案的地方环境标准数	X_{22}
		受理环境行政处罚案件数	X_{23}
		两会环境提案数	X_{24}
PER	公众型环境规制	环境信访数	X_{31}
		环境新闻报道数	X_{32}

变量	潜变量名称	显变量说明	指标
TPI	污染产业转移	外商或国外直接投资	X_{41}
		省外境内投资	X_{42}
		污染产业集聚指数	X_{43}
GTI	绿色技术创新	绿色技术专利	X_{51}
		绿色全要素生产率	X_{52}
EPC	环保竞争	当地环境规制强度与全国环境规制强度均值的差值	X_{61}
		各省份环境投入总额占地区生产总值的比重	X_{62}
AIP	邻地工业污染	邻地工业废水指数	Y_{11}
		邻地工业 SO_2 指数	Y_{12}
		邻地工业固体废弃物指数	Y_{13}

资料来源：Wind 数据库、马克数据网、我国研究数据服务平台、我国知识产权网等。

污染产业集聚指数（X_{43}）：将我国多个省份的污染产业集聚指数作为区域污染集聚程度的依据（王艳丽和钟奥，2016）。计算公式为：

$$E_i = \frac{(\ln P_{it} - \ln P_{i0})/n}{(\overline{\ln P_{it} - \ln P_{i0}})/n} \tag{4.71}$$

其中，E_i 表示 i 地区的污染产业集聚；$(\ln P_{it} - \ln P_{i0})/n$ 表示当地目前污染企业的数量增长，P 指的是 i 地区与 t 年的污染产值，0 为年份，n 代表年数；$(\overline{\ln P_{it} - \ln P_{i0}})/n$ 表示国内的污染企业平均增长规模。当 $E_i > 1$ 时，我们可知高污染企业处于聚集状态，该值越大说明速度越快。所以，若 $E < 1$ 就表示污染企业在逐渐离散，该值越小说明企业离散得越快。在选择污染产业的过程中，本书将根据赵细康（2003）的标准来制定，将高污染企业的产业作为研究目标，其中包含了包括水电在内的能源供应、各种金属冶炼和化学制品工业，以及造纸产业等诸多产业。

邻地污染物排放指数（Y_{11}-Y_{13}）：本书参考何爱平和安梦天（2019）的方法，选择以相邻地区和全国两个维度共同决定的工业污染排放量来衡量邻地工业污染，具体计算公式如下：

$$邻地污染物 = \frac{本省份人均污染物排放量}{除本省份外相邻省份最高人均污染物排放量} \times$$

$$\frac{本省份人均污染物排放量}{全国人均污染物排放量} \qquad (4.72)$$

污染物排放量分别为废水排放、二氧化硫排放、固体排放，分别计算出显变量 Y_{11}、Y_{12}、Y_{13}。

4.3.3　因素作用路径分析

根据 SPSSAU 的运算，可得到各变量之间的因子负荷系数、路径系数与统计性检验，如图 4.2 和表 4.6 所示。

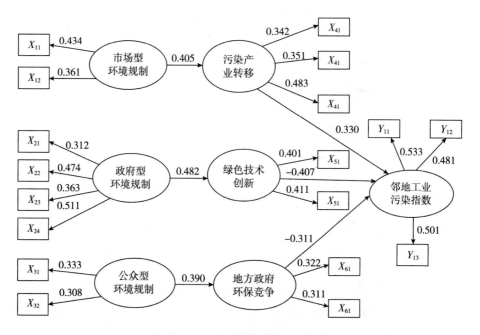

图 4.2　结构方程模型变量路径系数

资料来源：作者绘制。

表 4.6　SEM 模型路径系数与统计性检验

路径	路径系数	S. E.	C. R.	P	检验结果
市场型环境规制→污染产业转移	0.405	0.033	4.836	***	支持

路径	路径系数	S. E.	C. R.	P	检验结果
政府型环境规制→绿色技术创新	0.482	0.044	5.500	***	支持
公众型环境规制→政府环保竞争	0.390	0.073	5.836	***	支持
污染产业转移→工业污染	0.330	0.129	1.993	*	支持
绿色技术创新→工业污染	−0.407	0.029	4.531	***	支持
政府环保竞争→工业污染	−0.311	0.198	2.239	**	支持

注：***、**和*分别代表1%、5%和10%的显著性水平。S. E. 为标准差，C. R. 为临界比值，可看作t值。C. R. 值高于临界值，代表可观测变量和潜变量之间存在较大的显著性。

资料来源：作者绘制。

（1）市场型环境规制通过污染产业转移对邻地工业污染具有显著的正向影响，路径系数值为0.330，C. R. 值为1.993，且通过了10%显著性检验，在统计上具有显著相关性。这表明在排污费与环保补贴的驱动下，企业会在经营中保证最小化成本的同时尽量扩大利益，此时企业会根据自身资源和能力选择向邻地排放工业污染物，实现"污染避难所"效应。导致这种情境的原因包括两个方面：第一，区域之间情况各异。相同的环境规制工具在不同地区的效果却完全不同，很多经济落后地区对环境的要求并不高，为了使当地能够尽快发展，就要追求经济效益最大化，所以这些地区往往就会选择一些收益较高，造成污染也比较高的企业，而最终环境受到长期的严重破坏而不可逆转。第二，污染产业转移的负外部性。企业在面临排污费压力与环保补贴利诱下，会将受污染严重的企业转移到具备一定生产基础的区域，在能够持续获取较多利益的同时，还可以避免高昂的排污费并获取环保补贴。

（2）政府型环境规制利用新技术对邻近区域的污染具有抑制作用，路径系数值为−0.407，C. R. 值为4.531，且通过了1%显著性检验，在统计上具有显著相关性。政府型环境规制工具本意是为了降低本地工业污染排放，在实践中企业为了降低生产成本会通过研发末端污染处理技术，提高能源利用效率，改进绿色技术创新以达到减少污染排放量的目的，从而形成"波特效应"。根据绿色技术创新的空间溢出效应（伍格致和游达明，2019），相邻地区企业会进行技术模仿与改进，本地与邻地工业企业最终都会改进原有的生产技术，从根源上减少污染的产生，完成绿色生产的目标。除此之外，在制定污染排放的高标准后，政府会引导企业在内部展开绿色技术创新的革新，对其进行政策性支持，其中包括引导产业聚集来推动创新技术的溢出效应，使相关产业形成规模效应；并且政府利用市场型规制工具后有必要对原本的部分政策规定展开调整，例如，政府应当加快建立和完善贴合社会成本的能源市场体系，也可以运用财政手段，鼓励一般的企业运用新设备、新技术，对积极推广新技术的企业给予税收补贴，这极大地缓解了企业创新能力差的困境，推动企业技术创新。

（3）公众型环境规制通过"环保竞争"对邻地工业污染具有显著的负向影响，路径系数值为-0.311，C. R. 值为2.239，且通过了5%显著性检验，表明公众型环境规制能够显著抑制邻地工业污染排放。其原因可能在于当严重的污染事件爆发后，社会公众往往会采取多种手段来对造成污染的一方施加压力，强迫其不得不更改策略，降低污染排放，相关利益者会鼓励企业开展绿色生产。在环境信息公开的背景下，相邻地区公众对环境质量的呼声与诉求亦会持续高涨，邻近地区的政府为维护自身社会形象与信誉，同样会督促工业企业提高技术创新、提升工艺水平、增强治理环境的决心、减少排污，从而形成环境治理的"逐顶竞争效应"。

4.4 本章小结

本章运用2004—2019年我国30个省级行政区面板数据，使用变异系数对环境规制强度的σ-收敛进行检验，采用面板数据回归模型对环境规制强度的绝对β-收敛、条件β-收敛进行检验，并深入分析了环境规制对工业污染空间分异和空间溢出的机理。研究结论如下：

（1）从环境规制强度的 σ-收敛来看，环境规制强度呈现明显的 σ-收敛。全国环境规制强度的变异系数从 0.632 降至 0.321；从七大区域变异系数的演变趋势来看，华北、东北、华东、华中、华南、西南、西北地区的变异系数分别下降了 63.6%、67.5%、45.1%、38.0%、47.1%、41.1%、52.5%，说明七大区域的环境规制强度也存在 σ-收敛。从环境规制强度的绝对 β-收敛来看，华东地区的收敛速度最快，高达 1.41%，远高于全国的 0.72%；其次分别是华北、华中、西北、西北、西南、华南地区；收敛速度最慢的华南地区仅有 0.26%。这一结论与本章环境规制强度地区差异及 σ-收敛结论基本吻合。从环境规制强度的条件 β-收敛来看，全国环境规制强度指标 ER 系数为负，表明我国环境规制强度具备条件 β-收敛的特征，我国的环境规制强度在向稳态水平收敛。

（2）通过建立环境规制作用机制的数理模型，探索环境与污染空间分异的作用机理，研究结果表明环境规制的强度不同能对产品产量造成不同影响，从而影响工业污染的排放程度，进而导致工业污染空间分布的差异。

（3）环境规制对工业污染具有空间溢出效应，即本地环境规制将对邻近地区的工业污染产生影响。本地环境规制强，将促使污染产业向邻近地区转移，加大邻近地区的工业污染；本地环境规制弱，则邻近地区的工业污染有可能流入本地。本书将环境规制分为市场型环境规制、政府型环境规制与公众型环境规制，并构建了结构方程模型，分析了三种环境规制工具对工业污染空间溢出影响的机制。根据 SEM 模型的分析结果可知，市场型环境规制通过污染产业转移触发"污染避难所"效应，对邻地工业污染影响显著为正；政府型环境规制通过绿色技术创新触发"波特效应"与技术溢出效应，对邻地工业污染影响显著为负；公众型环境规制通过环境竞争触发"逐顶竞争效应"，对邻地工业污染影响显著为负。

5 基于 GTWR 模型环境规制对工业污染空间分异影响效应分析

为检验环境规制水平对工业污染空间分异的影响效应，本章将从实证角度，应用地理探测器模型进行因子识别，再应用地理加权回归（GTWR）模型对因素作用的方向与效果展开实证分析，最终依据实证结果探讨环境规制对工业污染空间分异的影响效应。

5.1 工业污染空间分异驱动因子识别

5.1.1 地理探测器原理

当前，探究空间分异性问题所运用的一种常见方法便是地理探测器，该方法可详细地揭示空间分异性的内部驱动因素，是一种实用的科学方法。该方法首先需要进行假设：单独自变量对一因变量影响力较大，所以这两个变量之间的空间分布应当相近（王劲峰和徐成东，2017；Wang & Hu，2012），其可用于探究某种地理现象空间分布的影响因素及因素之间的相互作用，利用各因素层内方差与全局方差的关系探测自变量对因变量的驱动力，即某因素 X 在多大程度上影响了 Y 的空间分异。地理探测器是传统交叉交互测量模型的拓展，不需要线性假设。在使用地理探测器方法之前，应将数据离散化。数据的网格化和空间叠加分析需要使用 ArcGIS10.7 等专业的空间分析软件。

本书利用地理探测器模型考察各因素对工业污染空间分异的影响。因子探测公式如式（5.1）所示。其中，q 表示驱动因素的决定力，该值越大说明不同因素越能对空间分异进行解释，反之该值越小说明越难以解释空间分异；h 可被视为自变量分区；N 与 N_h 分别代表了各类因素 h 样本数；σ^2 与 σ_h^2 代表了不同类型 h 的离散方差（Wang & Hu，2012）。

$$q = 1 - \frac{1}{N\sigma^2} \sum_{n=1}^{L} N_h \sigma_h^2 \qquad (5.1)$$

其中，L 为因变量 Y 或自变量 X 的分层，即分类或分区；h 为工业污染因素各指标的分层，即分类或分区；N_h 和 σ_h^2 分别为层 h 内的单元数和方差；q 值的取值范围为 $[0，1]$，值越大说明工业污染产生的空间分异越明显。

5.1.2　影响因素指标构建

为探测工业污染的空间分异机理，本书以全国 30 个省级行政区为研究对象（不含数据缺失的西藏自治区、香港特别行政区、澳门特别行政区与台湾地区），构建工业污染空间分异机理识别指标体系。假设环境规制强度、地形起伏度、人均 GDP、人口增长率等 23 个指标影响工业污染空间分异，其中将环境规制强度作为环境政策系统。各影响因素指标见表 5.1。

表 5.1　工业污染时空分异机理识别指标体系

系统类型	影响因素	指标	因子	指标释义与计算方法
环境政策系统	政府规制	环境规制强度	X_1	见第三章环境规制强度测算

系统类型	影响因素	指标	因子	指标释义与计算方法
自然环境系统	地形	地形起伏度	X_2	提取各地级市地形起伏度取均值
		平均海拔	X_3	提取各地级市海拔取均值
	气候	年平均气温	X_4	提取各地级市气温取均值
		年均降水量	X_5	提取各省份降水量数据
	生态	森林覆盖率	X_6	提取各省份森林覆盖率数据
		新增造林面积	X_7	提取各省份新增造林面积数据
	资源	煤炭生产量	X_8	提取各省份煤炭生产量数据
		水资源	X_9	平均年地表水资源量（亿立方米）
经济系统	经济规模	人均 GDP	X_{10}	地区生产总值/人口
		产业结构	X_{11}	第三产业占比
	经济结构	所有制结构	X_{12}	规模以上国有控股工业企业总资产/（规模以上国有控股工业企业总资产+规模以上私营工业企业总资产）
	对外开放	进出口贸易	X_{13}	进出口总额
		外商投资	X_{14}	实际利用外商直接投资额
	工业水平	规模以上工业企业数	X_{15}	提取各省份规模以上工业企业个数
社会系统	人口规模	人口增长率	X_{16}	（现期人口－基期人口）/基期人口
		人口密度	X_{17}	年末总人口/地域面积
		普通本专科在校学生占比	X_{18}	普通本专科在校学生数/总人口
	交通规模	人均民用汽车保有量	X_{19}	提取各省份人均民用汽车保有量
		人均道路面积	X_{20}	道路面积/年末总人口
	城市规模	城市建设用地面积	X_{21}	提取各省份城市建设用地面积
		城镇化率	X_{22}	城镇人口/年末户籍人口
	技术水平	科学技术财政支出	X_{23}	提取各省份科学技术财政支出额

资料来源：作者绘制。

5.1.3 因素驱动机理探测结果

地理探测器中的因变量、自变量分别是数值与类型；在应用中，数值作为自变量需要离散化，可采用多种方法将其作为类型量。为了确定最为科学的分类方案，利用 ArcGIS 中 Spacial Anayst 工具里的重分类进行操作，在分类中采用自然断点法。其中，自然环境中的地形起伏度（X_2）、平均海拔（X_3）、年平均气温（X_4）和年降水量（X_5），根据实际运用条件将其展开分类；海拔断点根据不同高度，以米为单位，分类断点为 50、200、500、1000、2000、3000、4000；起伏度的分类为 2°、5°、8°、15°、25°、35°；气温的分类断点为 4℃、8℃、12℃、16℃、20℃、24℃、28℃；年降水量的分类断点为 50 毫米、100 毫米、200 毫米、500 毫米、800 毫米、1200 毫米、1500 毫米、2000 毫米；其余变量均采用自然断点法分为 8 类。

地理探测器运行结果如表 5.2 所示，23 个自变量中有 12 个通过了 1%水平的显著性检验，分别为环境规制强度、年平均气温、年均降水量、森林覆盖率、人均 GDP、外商投资、规模以上工业企业数、人口密度、人均民用汽车保有量、人均道路面积、城镇化率、科学技术财政支出，表明工业污染的空间分布受各地的气候、生态、开放程度、交通、人口、技术等因素的影响更加明显，与地形、经济结构关联不大。

表 5.2　工业污染分异因子探测结果

影响因子	p 值	显著水平	q 值	影响因子	p 值	显著水平	q 值
X_1	<0.001	0.01	0.041	X_{13}	0.125	—	0.022
X_2	0.281	—	0.005	X_{14}	<0.001	0.01	0.026
X_3	0.172	—	0.002	X_{15}	0.004	0.01	0.027
X_4	0.003	0.01	0.004	X_{16}	0.354	—	0.028
X_5	0.002	0.01	0.011	X_{17}	<0.001	0.01	0.031
X_6	<0.001	0.01	0.009	X_{18}	0.145	—	0.011
X_7	0.381	—	0	X_{19}	0.004	0.01	0.013
X_8	0.128	—	0	X_{20}	<0.001	0.01	0.019
X_9	0.125	—	0.004	X_{21}	0.147	—	0.009
X_{10}	<0.001	0.01	0.037	X_{22}	<0.001	0.01	0.023
X_{11}	0.455	—	0.011	X_{23}	0.002	0.01	0.018
X_{12}	0.354		0.005				

注："—"表示 q 值未通过显著性检验。

资料来源：作者绘制。

环境规制强度 q 值为 0.041，且 p 值小于 0.001，极其显著。在 23 个指标中，环境规制是影响工业污染空间分异最大的一个，是工业污染空间分异的主导因子。

自然环境系统中，地形要素中的地形起伏度与平均海拔均不显著，且 q 值较小；气候要素中，气温与降水量结果显著，q 值分别是 0.004 与 0.011；生态要素中，森林覆盖率显著，q 值为 0.009，新增造林面积不显著，森林覆盖率的提升不仅有助于保持水分，还可以吸收空气中的有害颗粒，从而减少污染和净化空气；资源要素中，煤炭生产量与水资源均不显著。由此可以看出，相较于经济系统与社会系统，自然环境系统中驱动因子的 q 值较小，驱动工业污染分异的作用较弱。

经济系统中，经济规模指标人均 GDP 显著，q 值为 0.037，影响程度仅次于环境规制强度，说明经济发展水平和规模是影响工业污染的重要指标，也说明了我国在很长一段时期内走的都是资源消耗型经济高速增长之路。经济结构内部指标均不显著，说明产业结构与所有制结构对工业污染空间分异的影响不显著。对外开放要素中，进出口贸易指标不显著，外商投资影响作用显著，q 值为 0.026。

社会系统中，8 个指标中有 5 个对工业污染的影响显著，可以看出社会发展与工业污染联系较为紧密。其中人口密度 q 值为 0.031，在除环境规制外的 11 个显著指标中影响力位居第二，说明人口密度会显著影响工业污染的地区分异，人口密度大的地区，工业污染就会集聚；反之，人口密度小的地区，工业污染则会轻一些。汽车保有量 q 值为 0.013，说明大量的汽车生产与尾气排放会加剧工业污染的排放。人均道路面积 q 值为 0.019，道路面积与汽车保有量高度相关。城镇化率的 q 值为 0.023，城市化的快速推进带来了资本、劳动力、技术等要素的积累和消费需求的增加，促进了经济生产和经济增长，但同时也带来了工业污染排放的加剧。科学技术财政支出的 q 值为 0.018，科技水平的提高可促进污染的前端治理，有效降低工业污染的排放，提高能源利用效率，是影响工业污染区域分异的重要因素。

基于地理探测器的运算结果可以看出，工业污染的空间分异不仅受环境规制强度的影响，也受自然环境系统、经济系统与社会系统中的一些指标的影响。指标影响强度由大到小依次为：环境规制强度、人均 GDP、人口密度、规模以上工业企业数、外商投资、城镇化率、人均道路面积、科学技术财政支出、年均降水量、森林覆盖率、年均气温。

5.2 GTWR 模型研究设计

为了揭示工业污染空间分异的影响因素，本节利用 2004—2019 年我国 30 个省级行政区的面板数据，运用时空地理加权回归（GTWR）模型与可视化分析，剖析环境规制强度与其他变量影响工业污染空间分异的空间差异。时空地理加权（GTWR）模型是用于处理时间和空间不平稳数据的极好方法。在本书的样本区域内，数据存在时间和空间的不平稳性，因此，本节采用时空地理加权回归（GTWR）模型来进行分析。

5.2.1 GTWR 模型构建

地理加权回归（GWR）模型，是赋予各自变量不同空间的权重以实现对不同地区的研究，但缺陷是仅通过截面数据研究，忽略了时间因素对模型的影响。Huang 等（2010）在 GWR 模型中引入时间效应，建立了拓展的地理和时间加权回归（GTWR）模型，可以同时处理变量数据的时空非平稳性。GTWR 模型与标准 GWR 模型的区别在于，它能够将空间和时间信息整合到加权矩阵中，从而识别数据的时空异质性。考虑到不同位置和时间，本书采用椭球坐标系计算回归点与环境实测数据之间的时空间隔。图 5.1 显示了时空距离。我们绘制了一个具有半径为 r 的球体，假设观测数据位于三维时空坐标系中并考虑靠近位置 i 点。如果时空坐标系对距离具有相同的比例效应，并仅对该范围内的观测值使用普通最小二乘法（OLS）校准回归模型，可获得 $\beta(u_i,\ v_i t_i)$，视为回归点 i 及其周围变量之间关联的估计。图中■为回归点 $(u_i,\ v_i,\ t_i)$，□为邻近点 $(u_j,\ v_j,\ t_j)$，$j=\{1,\ 2,\ 3\cdots,\ n\}(j\neq i)$，$d_{ij}=\sqrt{\lambda[(u_i-u_j)^2+(v_j-v_j)^2]+\mu(t_i-t_j)^2}$。

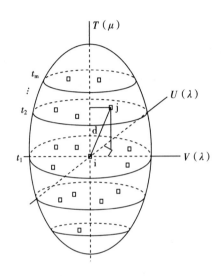

图 5.1　时空距离示意图

资料来源：Huang B，Wu B，Barry M. Geographically and temporally weighted regression for modeling spatio-temporal variation in house prices ［J］. International Journal of Geographical Information Science，2010（4）：383-401.

基于上述条件，GTWR 模型可表示为：

$$y_i=\beta_0(u_i,\ v_i,\ t_i)+\sum_{k=1}^{K}\beta_k(u_i,\ v_i,\ t_i)x_{ik}+\varepsilon_i \qquad (5.2)$$

其中，$(u_i,\ v_i,\ t_i)$ 表示地理位置 i 在 t 时刻在空间中的坐标值；$\beta_0(u_i,\ v_i,\ t_i)$ 表示趋势和截距；$\beta_k(u_i,\ v_i,\ t_i)$ 表示自变量 x_{ik} 的斜率，其估计方法如式（5.3）所示；ε_i 表示随机误差项。

$$\hat{\beta}(u_i,\ v_i,\ t_i)=[x^TW(u_i,\ v_i,\ t_i)x]^{-1}x^TW(u_i,\ v_i,\ t_i)y \qquad (5.3)$$

其中，W 为高斯距离函数 $W_{ij}=\exp(-d_{ij}^2/h^2)$，引入时间参数后，高斯距离发生改变，为：$d_{ij}=\sqrt{(x_i-x_j)^2+(y_i-y_j)^2+(t_i-t_j)^2}$。$h$ 表示带宽，由于采用不同的空间加权函数会得出不同的带宽 h，对于带宽 h 的选择标准，目前普遍采用交叉确认方法（CV）。当 CV 的值最低时，h 值便为其带宽，我们将选择 AIC 值来得到带宽 b，表现形式如式（5.4）所示。

$$CV = \sum_{i}^{n} \left[y_i - \hat{y}_i(h) \right]^2 \qquad (5.4)$$

本书为研究工业污染的空间分异影响，将工业污染指数作为因变量，将环境规制强度、年平均气温、年均降水量、森林覆盖率、人均 GDP、外商投资、规模以上工业企业个数、人口密度、人均民用汽车保有量、人均道路面积、城镇化率、科学技术财政支出作为解释变量，构建工业污染影响因素异质性 GTWR 模型，具体形式为：

$$pollution_{it}=\beta_0(u_i,\ v_i,\ t_i)+\beta_1(u_i,\ v_i,\ t_i)ER_i+\beta_j(u_i,\ v_i,\ t_i)X_j+\varepsilon_i \qquad (5.5)$$

其中，ER_i 为环境规制，X_j 为其他解释变量。

5.2.2 数据检验

在运行 GTWR 模型之前，有必要对模型当中的变量统一标准化处理，防止后续回归时不准确。利用回归法对后续统一的变量来进行共线性检验，找出方差膨胀因子，将所有找出的大于 10 的变量剔除，最终我们得到环境规制强度、年均降水量、人均 GDP、人口密度 4 个指标作为 GTWR 模型的解释变量。GTWR 模型具体化为：

$$pollution_{it}=\beta_0(u_i,\ v_i,\ t_i)+\beta_1(u_i,\ v_i,\ t_i)ER_i+\beta_2(u_i,\ v_i,\ t_i)AP_i+$$
$$\beta_3(u_i,\ v_i,\ t_i)PGDP+\beta_4(u_i,\ v_i,\ t_i)density_i+\varepsilon_i$$

$$(5.6)$$

表 5.3 是 GTWR 模型的最终回归结果参数。从参数中我们可知，R^2 在矫正前后均大于 0.95，这说明该模型能够拟合多个变量对污染空间分析影响。

表 5.3　时空地理加权回归模型的相关参数

模型参数	Bandwidth	Sigma	Residual Squares	AIC	R^2	Adjusted-R^2	Spatio-temporal Distance Ratio
	0.3918	0.0138	0.0528	−979	0.9588	0.9671	0.3312

5.3　GTWR 模型回归估计结果分析

表 5.4 显示了采用时空地理加权回归模型的估计结果。从选取的四项指标来看，环境规制强度系数均呈现负相关，从−1.28455 至−0.14523，说明环境规制对工业污染具有抑制作用，但作用大小受地区异质性影响。年均降水量系数为−0.32122~0.26485，有正有负，说明不同地区降水量对工业污染的作用强弱与正负受区位异质性影响。人均 GDP 系数为−0.34812~0.33912，人口密度系数为−1.86415~1.91212，说明这两个指标均对工业污染的影响具有空间异质性，即不同地区对工业污染的影响不同。为进一步揭示环境规制强度、自然环境系统、经济系统与社会系统对工业污染的影响异质性，将 GTWR 模型的时空分异用 ArcGIS10.7 可视化方式显示，如表 5.5 至表 5.8 所示。

表 5.4　GTWR 模型参数估计结果

回归系数	最小值	最大值	平均值	标准差
环境规制强度	−1.28455	−0.14523	−0.50958	0.29290
年均降水量	−0.32122	0.26485	0.00708	0.11524
人均 GDP	−0.34812	0.33912	0.02548	0.20818
人口密度	−1.86415	1.91212	−0.07073	0.87225

资料来源：作者绘制。

5.3.1 环境规制强度对工业污染时空分异的影响

从表 5.5 的系数空间分布我们可知，政府的环境规制力度与工业污染排放显著为负相关关系，而这一作用比较明显的地区集中在华东、华北地区，以及华南地区的广东、西南地区的四川等；而东北地区、西北地区与西南地区的云南、贵州、重庆等地作用较小。整体呈现出"沿海地区强—内陆地区弱""东—中—西递减"的趋势。其中，系数较高的是上海（-1.284550）、江苏（-1.151225）、浙江（-1.00255），较低的是海南（-0.145225）、青海（-0.151512）、宁夏（-0.171522）。造成这一现状的原因在于随着沿海发达地区产业逐渐迁徙，内陆的西北、西南地区为了本地经济能够快速增长，地方官员为了自己的政绩和前途，使本地的环保标准有所降低，进而吸引了高污染产业企业来本地投资。这些地区为了治理污染，要做好各个地区、各个部门之间的协调运作，将治理任务进行细分，以保证环境规制工具落到实处。

表 5.5 GTWR 模型回归结果环境规制强度系数变化

地区	环境规制强度系数	地区	环境规制强度系数
北京	-0.851343	河南	-0.626110
天津	-0.714343	湖北	-0.455613
河北	-0.744455	湖南	-0.421563
山西	-0.452246	广东	-0.641552
内蒙古	-0.328452	广西	-0.346116
辽宁	-0.215450	海南	-0.145225
吉林	-0.251121	重庆	-0.432250
黑龙江	-0.345120	四川	-0.611412
上海	-1.284550	贵州	-0.284120
江苏	-1.151225	云南	-0.215123
浙江	-1.002550	陕西	-0.352626
安徽	-0.615150	甘肃	-0.284551
福建	-0.654220	青海	-0.151512

地区	环境规制强度系数	地区	环境规制强度系数
江西	−0.535250	宁夏	−0.171522
山东	−0.721221	新疆	−0.281521

资料来源：作者绘制。

5.3.2 降水量对工业污染时空分异的影响

表 5.6 是降水量对工业污染时空分异的影响系数，其趋势为从北往南逐渐增加，符号也转为正，表明降水量与工业污染之间的相关性逐渐由负相关转向正相关。降水量负向作用主要集中在华北、西北、华中等部分地区，如河南（−0.321216）、山东（−0.215152）、内蒙古（−0.111354）。这些地区气候干燥，相较于南方地区降水量较少。降水量的增多可有效提升空气湿度，稀释废水污染，冲刷空气中废气污染物。降水量正向作用于工业污染的主要集中在西南、华南与东北沿海地区，如四川（0.264845）、贵州（0.181353）、海南（0.15122）。这是由于此类地区气候温润，降雨充沛。降水量的增加对工业污染不会呈现负向影响，但持续的降雨会加大工业污染治理的难度。

表 5.6 GTWR 模型回归结果年均降水量系数变化

地区	降水量系数	地区	降水量系数
北京	−0.025123	河南	−0.321216
天津	−0.034518	湖北	0.011512
河北	−0.028511	湖南	0.036551
山西	−0.012115	广东	−0.151515
内蒙古	−0.111354	广西	0.026956
辽宁	0.013562	海南	0.151220
吉林	0.025079	重庆	0.151155
黑龙江	0.078105	四川	0.264845
上海	−0.005222	贵州	0.181353

续表

地区	降水量系数	地区	降水量系数
江苏	-0.063265	云南	0.151533
浙江	0.003123	陕西	0.084525
安徽	0.041122	甘肃	-0.051550
福建	0.015123	青海	-0.036955
江西	0.028562	宁夏	0.013265
山东	-0.215152	新疆	-0.008652

资料来源：作者绘制。

5.3.3　经济发展对工业污染时空分异的影响

由表 5.7 可知，从经济发展影响工业污染空间分异的分布来看，人均 GDP 对工业污染作用呈现明显的"东西分异"，整体表现为"东负—西正"。具体来看，华东地区的上海、江苏、浙江、山东，华北地区的北京，华南地区的广东，华中地区的湖北表现为人均 GDP 对工业污染的负向作用。其中负向作用较高的省份是上海（-0.182152）、江苏（-0.175151）、广东（-0.159122）、北京（-0.132152），可以说这类地区经济发展速度较快，工业技术水平较高，完成了产业结构的升级与优化，已通过环境库兹涅茨曲线的拐点，经济发展方式转变为集约型增长。而除上述地区以外，人均 GDP 对工业污染呈正向作用，正向作用较高的省份是宁夏（0.348121）、广西（0.335123）、青海（0.314515）、新疆（0.296122）等地，说明大部分地区的经济发展效率不高，仍靠消耗大量的资源来促进经济增长，有着极大的改进空间。这些地区还没有通过环境治理的拐点，应避免在承接产业转移过程中继续走"先污染，后治理"的老路。

表 5.7　GTWR 模型回归结果人口密度系数变化

地区	人均 GDP 系数	地区	人均 GDP 系数
北京	-0.132152	河南	0.035123

地区	人均GDP系数	地区	人均GDP系数
天津	−0.094511	湖北	−0.068151
河北	0.145515	湖南	0.035812
山西	0.011215	广东	−0.159122
内蒙古	0.151245	广西	0.335123
辽宁	0.115220	海南	0.193481
吉林	0.211254	重庆	0.125512
黑龙江	0.171155	四川	0.095112
上海	−0.182152	贵州	0.252121
江苏	−0.175151	云南	0.218412
浙江	−0.125125	陕西	0.132926
安徽	0.081222	甘肃	0.268452
福建	−0.105121	青海	0.314515
江西	0.035412	宁夏	0.348121
山东	−0.065451	新疆	0.296122

资料来源：作者绘制。

5.3.4 人口规模对工业污染时空分异的影响

由表5.8可知，从2004—2019年人口密度作用于工业污染系数的整体空间分布来看，呈现出"北低—南高"的空间分布特征。呈正向作用的是经济发达或人口稠密地区，分别是广东（1.912121）、山东（1.723512）、河南（1.368512）、四川（0.732113）等人口大省；呈负向作用的是人口稀薄地区，如海南（−1.864152）、青海（−0.823351）、江西（−1.481501）、甘肃（−1.315615）。从整体空间分布特征来看，正向系数较高的地区主要由长三角地区及向周边扩散的省份构成，另一高值区域为西南地区的重庆、四川构成的成渝城市群；而其他中部地区、偏远的西北地区、东北地区作用系数为负。这说明人口规模对工业污染的空间分异具有重要影响，人口规模是影响工业污染的一个重要因素，因为人口规模越大，其带来的固体废弃物污染及交通带来的尾气污染都更为严重。

表 5.8 GTWR 模型回归结果人口密度系数变化

地区	人口密度系数	地区	人口密度系数
北京	0.115200	河南	1.368512
天津	0.115125	湖北	0.685112
河北	−0.064852	湖南	0.384454
山西	−0.091515	广东	1.912121
内蒙古	−0.284562	广西	−0.348653
辽宁	−0.355575	海南	−1.864152
吉林	−0.194615	重庆	0.006465
黑龙江	−0.147512	四川	0.732113
上海	0.265151	贵州	0.148651
江苏	0.066845	云南	0.005151
浙江	0.148487	陕西	0.458531
安徽	−0.485152	甘肃	−1.315615
福建	−0.695522	青海	−0.823351
江西	−1.481501	宁夏	−1.681513
山东	1.723512	新疆	−0.423152

资料来源：作者绘制。

5.4 本章小结

基于 2004—2019 年我国环境规制强度与工业污染的长期观测数据，利用地理探测器识别了影响工业污染空间分异的 11 个驱动因子。此外，利用 GTWR 模型分析了我国工业污染影响因素的空间异质性。基于此，本章的研究结论主要如下：

（1）工业污染空间分异的驱动因素为环境规制、人均 GDP、人口密度、森林覆盖率、人均民用汽车保有量等。依据理论分析框架构建了工业污染分异机理的指标体系，并运用地理探测器模型识别出平均气温、年均降水量、森林覆盖率、人均 GDP、外商投资、规模以上工业企业个数、人口密度、人均民用汽车保有量、人均道路面积、城镇化率、科学技术财政支出 11 个指标对工业污染空间分异影响显著。

（2）运用 GTWR 模型分析环境规制强度、年均降水量、人均 GDP、人口密度四项指标对工业污染影响的布局。由此可知，政府的环境规制与实际工业企业的污染排放均呈现负相关，影响较大的省份主要分布在华东地区、华北地区、华南的广东、西南的四川等地；而东北地区、西北地区与西南地区的云南、贵州、重庆等地影响较小。年均降水量负向影响工业污染的地区主要集中在华北、西北、华中地区，正向影响工业污染排放的主要集中在西南、华南地区与东北沿海地区。人均 GDP 对工业污染的负向影响主要是经济相对发达的北京、上海、江苏等地，此类地区或已通过环境库兹涅茨曲线的拐点，而西北、西南、华中等地区为正向影响。人口密度作用工业污染系数的整体空间分布呈现出"北低—南高"的特征，呈正向影响的是经济发达或人口稠密地区，呈负向影响的是经济相对欠发达、人口稀薄的海南、青海、甘肃等地。

6 基于 SDM 模型环境规制对工业污染的空间溢出效应分析

环境规制不仅能有效地抑制本地的工业污染排放，也能在一定范围内影响邻近地区的环境规制水平和工业污染排放，即环境规制可能具有正外部性或负外部性。为了揭示环境规制对工业污染的空间溢出效应，本章构建了空间杜宾模型，以我国 285 个地级市为样本，分析环境规制的空间溢出效应。

6.1 环境规制对工业污染的本地—邻地效应分析

6.1.1 本地效应分析

从环境规制对本地消费数量的角度来看，在环境规制手段正式应用之后，有关商品的价格也会有所调整，而价格变化将会导致消费者需求发生变化：首先，高污染消费品要缴纳环境税或资源税，由于所缴纳的环境税、资源税增加将导致价格上涨，而一个地区的消费者收入在短期内并不会有明显变化，这就变相导致当地消费者的购买力下降，所以这类商品的消费者需求量自然会降低；其次，相对于高污染企业的商品价格不断提升，环保企业的商品价格并未改变，而消费者在选择商品时更加青睐低价商品，长此以往，消费者在本地的购买力有所上升，对同类型消费品的需求也有所提升。

以商品征收消费税举例，设置消费税的初衷就是采用宏观调控的手段来对消费品需求进行调整，对一部分商品征收消费税，引导消费者购买不同类型的商品，帮助消费者进行合理消费、科学消费。目前，我国消费税的征收流程主要分布于生产与进口等多个环节，商品的价格由于税款的原因层层递进，最终几乎由消费者全权买单。因此，从重征税必然会导致商品价格过高，在消费者收入上涨不显著的前提下，消费者购买力必然会下降；加之消费税应税商品大多为非生活必需品，价格需求弹性相对较大，在价格上涨的情况下，消费者自然会选择减少该物品的消费数量，而转向更加环保、价格相对低廉的替代物品。

图 6.1 形象地刻画了环境规制对不同产品消费数量的影响。高污染商品在受到政府环境规制政策的影响后，价格从 P_1 上涨到 P_2，随之需求量下降，从原本的 Q_1 降到 Q_2，减少量为 Q_1-Q_2。与之相对，环保商品则不同，在高污染商品价格上涨的同时，环保产品的价格相对而言是下降的，由 P_1 下降到 P_2，需求量则由 Q_1 增加到 Q_2，增加量为 Q_2-Q_1。

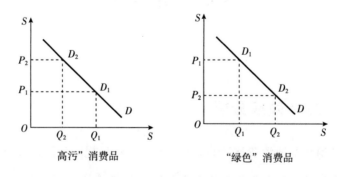

图 6.1　环境规制对消费数量的影响

资料来源：作者绘制。

6.1.2 邻地效应分析

环境规制是缓解污染空间转移的主要手段，地区环境规制政策的空间溢出效应指的是某地区在本地进行的污染控制对相邻地区的工业污染水平造成的影响。结合"污染天堂假说"与 Dixit（1984）、Lai 和 Hu（2008）、张彩云（2018）构建的污染企业转移案例，可从理论上分析不同国家和地区环境规制对外部投资的影响。为探究污染转移的内部原理，本节使用的方法主要有：第一，在原有学者的研究模型上进行修改，本书的研究对象是两个城市之间的产业转移，视角从单个企业延伸为整个产业，将企业在城市间的流动视作为 A 城市在 B 城市进行投资；第二，国家内部的城市间产业流动远比跨国流动更加便利，成本更低，因此本节在分析中将运输成本忽略不计，构建模型最重要的是考虑环境规制成本，并使用模型研究邻近城市之间开展环境规制行为的相互作用。

假设发达城市 1 与欠发达城市 2 生产同一种商品，且该商品的生产会造成污染。生产该商品的企业只存在环境成本，不存在其他成本。q_1 表示发达城市 1 某个污染产业的产量，q_1^* 表示投资于欠发达城市的该产业产量；q_2 表示欠发达城市 2 该污染产业的产量，q_2^* 表示投资于发达城市该产业产品生产量；q_1^*、q_2^* 构成了污染产业的转移。c_1 代表发达城市 1 每单位产品的污染治理成本，c_2 代表欠发达城市 2 每单位产品的污染治理成本。如果该污染产业有 n 个企业，产品价格是该城市产品产量的函数，则价格可以表示为：

$$p_1 = \alpha - q_1 - \gamma q_2^* \tag{6.1}$$

$$p_2 = \alpha - q_2 - \gamma q_1^* \tag{6.2}$$

其中，$q_1 = \sum_{i=1}^{n} q_1^i$，$q_1^* = \sum_{i=1}^{n} q_1^{*i}$；$q_2 = \sum_{i=1}^{n} q_2^i$，$q_2^* = \sum_{i=1}^{n} q_2^{*i}$；$i$ 取值为 1 或 2；γ 为产品差异化系数；α 为常数。最终得到企业 i 的利润函数为：

$$\pi_1^i = (p_1 - c_1) q_1^i + (p_2 - c_2) q_1^{*i} \tag{6.3}$$

$$\pi_2^i = (p_2 - c_2) q_2^i + (p_1 - c_1) q_2^{*i} \tag{6.4}$$

根据利润最大化的一阶拉格朗日条件，即 $\frac{\partial \pi_1^i}{\partial q_1^i}=0$，$\frac{\partial \pi_1^i}{\partial q_1^{*i}}=0$，$\frac{\partial \pi_2^i}{\partial q_2^i}=0$，$\frac{\partial \pi_2^i}{\partial q_2^{*i}}=0$，结合商品价格，得到：

城市 1 的污染产品产量 $q_1=\dfrac{n(\alpha-c_1)}{2n+1}$；城市 2 的投资污染产品产量 $q_1^*=\dfrac{n(\alpha-c_2)}{\gamma(2n+1)}$。城市 2 的污染产品产量 $q_2=\dfrac{n(\alpha-c_2)}{2n+1}$；城市 1 的投资污染产品产量 $q_2^*=\dfrac{n(\alpha-c_1)}{\gamma(2n+1)}$。

由 $\dfrac{\partial q_1^*}{\partial c_2}=\dfrac{-n}{\gamma(2n+1)}$ 和 $\dfrac{\partial q_2^*}{\partial c_1}=\dfrac{-n}{\gamma(2n+1)}$ 可知，城市污染输入的数量与当地环境规制强度呈现负相关，即当地越重视环境保护，采取的环境规制手段强度越高，则越不容易吸引高污染企业进入。随着整个大环境中对环保问题愈加重视，企业只能从两种战略方向中选择：向环境规制强度低的地区转移或者停止生产污染品。无论企业进行哪种选择，环境规制较强的城市对该产品的需求如果不变，该城市只能选择进口，变相导致污染企业的转出。

6.1.3 环境规制空间溢出效应假说的提出

由上述分析可知，环境规制强度的提高会"提高本地'污染产品'的价格→降低本地'污染产品'的消费数量→降低本地'绿色产品'的价格→提高本地'绿色产品'的消费量"。由建设污染转移模型可知，污染控制与企业转移为负相关关系，即城市越是使用高压手段控制排放，则高污染企业越厌恶在当地投资，本地污染企业会停产或转移到环境规制强度较低的城市。基于此，本书提出第二个假说：

H2：本地的环境规制强度会抑制本地工业污染水平，且会对邻地产生负向的空间溢出效应。

6.2　空间杜宾模型研究设计

基于上述影响机制分析，为验证 H2，本节将构建空间计量模型，检验环境规制对本地工业污染与邻地工业污染的影响。

6.2.1　样本选择与数据说明

6.2.1.1　样本选择

本节的研究重点在于环境规制对工业污染的空间溢出效应，从空间经济学理论逻辑上来说，省域数据一般难以令人信服，这是因为省份间面积、邻省数差异较大，且省际距离较远，使用该数据得出的溢出效应结论可能存在偏差。为保证研究的科学性与严谨性，本书的研究样本将选取国内 285 个城市为对象进行研究，时间跨度为 2004—2019 年。

285 个地级市以 2019 年我国行政区划调整为基础，对行政区有所调整的城市按照行政边界进行拆分处理。其中，2012 年新增的三沙市数据合并入三亚市、2015 年新增的儋州市数据合并入海口市，2011 年撤销的巢湖市将其数据并入合肥市处理。

6.2.1.2　数据说明

数据来源于《中国城市统计年鉴》、各地方统计年鉴、EPS 数据库、马克数据网与爬虫数据。本节中运用指数平滑法、趋势法和均值法等，以对实际数据进行补充。极个别城市存在整体数据缺失的情况，采用相类似地市的数据来代替。

6.2.2　变量说明与描述性统计

6.2.2.1　被解释变量

工业污染水平（*pollution*）。为评估低碳城市试点政策的实施效果，本章使用了城市层面样本作为实验数据。由于《城市统计年鉴》中多项污染物指标缺失严重，因此，为确保实证研究的科学性与严谨性，本章采用数据较为全面的工业氮氧化物排放量、工业废水排放量与工业废气颗粒物（此指标在 2015 年及之前命名为"工业烟粉尘"）三项指标综合评估各城市工业污染水平。具体评估方法如下：

为保证数据口径统一，对原始数据 $\{x_{ij}(t_k)\}$ 进行无量纲化处理：

$$x_{ijk} = \frac{x_{ij}(t_k) - \min[x_{ij}(t_k)]}{\max[x_{ij}(t_k)] - \min(x_{ij}(t_k))} \tag{6.5}$$

其中，x_{ijk} 为无量纲化处理后的指标值，$\{x_{ij}(t_k)\}$ 为第 i 个城市在时刻 t_k 的第 j 个污染物指标。

对于权重系数，采用熵权法求取，假设每一行的一组指标都是独立的数据，总计为 4560 组数据。

第一步，计算比重。计算第 l 项指标下，第 i 个样本的数据所占比重 P_{il} 为：

$$p_{il} = \frac{D_{il}}{\sum\limits_{i=1}^{4560} D_{il}} \tag{6.6}$$

其中，D_{il} 为第 i 个样本第 l 个指标，其中 l 的取值为 1、2、3。

第二步，计算熵值。第 l 项指标的熵值 e_l 为：

$$e_l = -\eta \sum_{i=1}^{4560} (p_{il} \cdot \ln p_{il}) \tag{6.7}$$

其中：

$$\eta = \frac{1}{\ln(4560)} \tag{6.8}$$

第三步，定义熵权 w_l。第 l 项指标的熵权为：

$$w_l = \frac{1 - e_l}{\sum\limits_{l=1}^{3} (1 - e_l)} \tag{6.9}$$

6.2.2.2　解释变量

环境规制强度（ER）。由于地级市层面的环境污染治理投资额数据仅更新到了 2011 年，工业烟尘去除率、工业二氧化硫去除率和工业废水达标量相关数据也只更新到了 2016 年，因此，本节采用陈诗一等（2018）手动收集数据的办法，使用地级市重工业占比分别与其对应省级层面政府工作报告中与环境相关的词频数和频率相乘，以此构建环境规制指标。具体可以分为以下三个步骤：第一步，使用 Python 对 2004—2019 年我国 30 个省份（除西藏自治区、香港特别行政区、澳门特别行政区、台湾地区外）的政府工作报告进行中文分词处理，统计文本中出现的与环境相关的词数占全文词数的比重（环境词汇频率)[①]；第二步，依据我国工业企业数据库中重工业总产值占全部工业总产值的比重，得出地级市重工业比例，2004—2019 年地级市的重工业比例依据各省份统计年鉴、各地级市城市统计年鉴、地级市国民经济与社会发展统计公报计算得出；第三步，将各地级市重工业比重与对应省份政府工作报告中环境词频相乘，该乘积即为环境规制指标。

6.2.2.3　工具变量

以空气流通系数（lnAV）作为环境规制的工具变量。根据 Jacobsen（2002）、沈坤荣（2017）空气流通系数等于风速乘以边界层高度。欧洲中期天气预报中心（ECMWF）的 ERA-Interim 数据库提供了全球 0.75°×0.75° 网格（大约 83 平方公里）的 10 米高度风速（si10）和边界层高度数据（blh）。首先计算出各网格对应年份的空气流通系数，再根据经纬度将各网格与样本内的城市匹配，得到各城市各年度的空气流通系数。

---

① 词频主要包括生态、环保、环境保护、资源配置效率、污染、减排、排污、污染防治、污染治理、化学需氧量、二氧化硫、二氧化碳、废水、废气、固体废弃物、三废、绿色经济、低碳、能耗等 67 个词。

6.2.2.4 控制变量

人口密度、经济发展水平（GDP 对数形式）、产业结构（用第二产业占地区生产总值的比重表示）、职工平均工资、规模以上工业企业总产值（对数形式）、城市道路面积（对数形式）。

上述主要变量的描述性统计如表 6.1 所示。

表 6.1 主要变量的描述性统计

变量	类型	说明	观测值	均值	标准差	最小值	最大值
pollution	被解释变量	工业污染排放指数	4560	34.776	49.128	0.390	1646.203
ER	核心解释变量	环境规制强度	4560	1.827	1.314	0.120	9.567
ln*AV*	工具变量	空气流通系数（对数形式）	4560	7.493	0.536	4.285	9.102
ln*density*		人口密度（对数形式）	4560	5.717	3.916	1.541	7.887
ln*GDP*		经济发展水平 （城市 GDP 对数形式）	4560	6.704	1.070	3.459	10.246
structure	控制变量	产业结构（第二产业 GDP 占比）	4560	48.653	11.050	9.000	90.970
ln*wage*		职工平均工资（对数形式）	4560	10.217	6.591	2.283	12.678
ln*TIOV*		规模以上工业企业总产值 （对数形式）	4560	16.032	15.454	10.631	19.598
ln*URA*		城市道路面积（对数形式）	4560	3.108	0.534	0.699	4.722

资料来源：作者绘制。

6.2.3 模型构建

本节旨在从空间视角研究环境规制对工业污染溢出的影响效应，因此，将环境规制作为核心解释变量，工业污染作为被解释变量，建立空间计量模型进行机制验证。目前常用的空间计量模型主要有三种：空间自回归模型（SAR）、空间误差模型（SEM）和空间杜宾模型（SDM），SDM 是 SAR 和 SEM 的综合形式。本书初步选取 SDM 模型，进行模型检验，构建模型如下：

$$pollution_{it} = \alpha + \rho \sum_{j=1}^{285} W_{ij} pollution_{it} + \beta_0 ER_{it} + \gamma_0 \sum_{j=1}^{285} W_{ij} ER_{it} + \beta_1 \ln density_{it} +$$

$$\gamma_1 \sum_{j=1}^{285} W_{ij} \text{lndensity}_{it} + \beta_2 \ln GDP_{it} + \gamma_2 \sum_{j=1}^{285} W_{ij} \ln GDP_{it} + \beta_3 strcture_{it} +$$

$$\gamma_3 \sum_{j=1}^{285} W_{ij} strcture_{it} + \beta_4 \ln wage_{it} + \gamma_4 \sum_{j=1}^{285} W_{ij} \ln wage_{it} + \beta_5 \ln TIOV_{it} +$$

$$\gamma_5 \sum_{j=1}^{285} W_{ij} \ln TIOV_{it} + \beta_6 \ln URA_{it} + \gamma_6 \sum_{j=1}^{285} W_{ij} \ln URA_{it} + \mu_i + \lambda_t + \varepsilon_{it}$$

$$(6.10)$$

地理距离权重矩阵 W 根据以下原则构建模型：

$$W_{ij}^{Distance} = \begin{cases} \dfrac{1}{d_{ij}}, & i \neq j,\ i = 1,\ 2,\ \cdots,\ N;\ j = 1,\ 2,\ \cdots,\ N \\ 0, & i \neq j,\ i = 1,\ 2,\ \cdots,\ N;\ j = 1,\ 2,\ \cdots,\ N \end{cases} \quad (6.11)$$

其中，$pollution_{it}$ 表示 i 城市在第 t 年的工业污染量；$W_{ij} pollution_{jt}$ 为被解释变量空间滞后项；ER 为本书的核心解释变量环境规制。其余为控制变量，分别为第 t 年 i 城市的生产总值（$\ln GDP$）、第二产业占比（$strcture$）、平均工资（$\ln wage$）、规模以上工业企业生产总值（$\ln TIOV$）、城市道路面积（$\ln URA$），以分别捕捉各个城市的经济发展水平、产业结构、居民收入水平、工业产业规模以及城市道路交通水平等因素对本地工业污染的影响。

为减小内生性问题，本书使用空气流通系数作为工具变量。借鉴沈坤荣和金刚（2017）对环境规制与空气流通系数的检验结果，可知环境规制变量与空气流通系数存在相关性，并且，由于空气流通系数仅取决于区域性的气候条件等自然现象，而不受本地城市的工业发展所决定，因此具有外生性，可选作为工具变量。

6.2.4 模型检验

进行模型参数估计前，需要对 SDM 和 SAR、SEM 进行比较选择，首先使用 LM 检验 SAR、SEM 的适配性。通常选择 LM 统计量显著的模型；假如两种模型的 LM 统计量均显著，则使用 LM（robust）统计量的显著性水平来判定模型的设定形式。若都不显著，则选择 SDM 模型。

由表 6.2 可以看到，在地理距离权重矩阵设定下，LM-Lag、RobustLM-Lag 和 LM-Error、RobustLM-Error 统计量均不显著，初步认定选用 SDM 模型。为进一步判断 SDM 模型的拟合效果，根据 Anselin（1988）、Florax 和 Rey（2004）的判断准则，本书对不同距离的 SDM 模型进行 Wald 检验，如表 6.2 所示，Wald-lag、Wald-error 的 P 值均为 0.0000，拒绝 SAR、SEM 假设。因此，本书采用 SDM 模型。

表 6.2　空间面板计量模型检验结果

test	统计值	P 值
LM test no spatial lag，probability	638.7621	0.000
robust LM test no spatial lag，probability	46.7775	0.000
LM test no spatial error，probability	812.7931	0.000
robust LM test no spatial error，probability	352.2970	0.000

资料来源：作者绘制。

6.3　实证结果分析

各地级市所实施的环境政策不同，因此环境规制强度也不相同；又由于环境规制强度随距离衰减，因此环境规制强度的空间影响存在一定的区域边界。为揭示环境规制强度对工业污染溢出效应随距离的衰减情况，本书基于空间反距离权重矩阵，利用 R 软件在 0 千米、50 千米、200 千米、400 千米、500 千米距离进行一次 SDM 模型 2SLS 回归，从而得到不同空间距离范围内环境规制对工业污染外溢的影响效应，如表 6.3 所示（R 软件只展现第二阶段回归结果）。

表 6.3　SDM 模型 2SLS 第二阶段回归结果

变量	0km	50km	150km	200km	400km	500km
ER	−0.4129 ***	−0.5282 ***	−0.5611 ***	−0.6627 ***	−0.6565 **	−0.7433 **
	（−4.4223）	（−5.1233）	（−5.5342）	（−6.3423）	（−7.2334）	（−7.6746）

续表

变量	0km	50km	150km	200km	400km	500km
$W\times\_ER$	-4.2038^{***}	-3.2143^{***}	-1.2210^{**}	1.9620^{**}	0.9528^{**}	-1.1737
	(-4.7492)	(-4.1605)	(-2.5011)	(2.0713)	(1.9744)	(-0.7984)
$W\times pollution$	0.5815^{***}	0.8829^{***}	0.8231^{***}	0.6419^{***}	0.5058^{***}	0.5009^{***}
	(-4.0193)	(-6.3632)	(-5.5445)	(-4.3677)	(-3.3601)	(-3.3342)
lndensity	-2.9271^{**}	-2.7144^{**}	-2.5545^{*}	-3.1186^{*}	-3.4759^{***}	-3.7383^{***}
	(-2.2610)	(-2.1949)	(-1.6857)	(-1.8760)	(-3.1409)	(-3.5196)
lnGDP	12.7590^{***}	12.6350^{***}	13.4518^{**}	13.8890^{***}	14.4230^{***}	14.6580^{***}
	(-5.1674)	(-5.2884)	(-2.2912)	(-5.6529)	(-5.8495)	(-5.9470)
structure	0.1691^{**}	0.1712^{*}	0.2883^{*}	0.2287^{*}	0.2715^{*}	0.2771
	(-1.9765)	(-1.7817)	(1.8277)	(-1.6994)	(-1.7380)	(-0.7994)
lnwage	-1.1667^{*}	0.2734	-1.7237	-2.0358	-2.7898	-2.4918
	(-1.7040)	(-0.0864)	(-0.8238)	(-0.6096)	(-0.9168)	(-0.8636)
lnTIOV	-0.3096	-0.5142	-1.7231	-1.4215	-2.0546	-2.2976
	(-0.1686)	(-0.2926)	(-0.9182)	(-0.7178)	(-1.1205)	(-1.2012)
lnURA	4.3724^{*}	3.0468^{**}	4.1929	4.9401^{***}	5.5006^{***}	5.5702
	(-1.8553)	(-2.2862)	(-0.8771)	(-3.7682)	(-3.2886)	(-0.2688)
$W\times$lndensity	16.5984^{*}	9.19808	5.81823	13.05260	-0.50411	-11.27680
	(-1.9829)	(-1.1729)	(-1.2838)	(-1.3544)	(-0.0436)	(-0.8848)
$W\times$lnGDP	2.181774	17.821300	10.923900	-19.813640	-26.705000	-27.211600
	(-0.1332)	(-0.9758)	(-0.7263)	(-0.7853)	(-0.9222)	(-0.9516)
$W\times$structure	1.6638^{**}	1.4852^{*}	1.9010^{*}	0.9684	0.3296	0.0196
	(2.4571)	(1.7234)	(1.8273)	(1.2112)	(0.3542)	(0.0210)
$W\times$lnwage	13.7720^{**}	0.9194	8.8382	6.6718	5.3008	13.0920
	(2.033)	(0.0988)	(0.2939)	(0.4762)	(0.3332)	(0.7126)
$W\times$lnTIOV	-6.6878^{***}	-5.1012^{***}	-5.2831^{***}	-6.0222^{***}	-8.4922^{*}	-7.8734
	(-3.2390)	(-3.0992)	(-2.9238)	(-2.8268)	(-1.6756)	(-0.7322)
$W\times$lnURA	4.3636^{**}	6.0235^{*}	5.2399^{*}	3.6682	2.5604	2.1882
	(2.3574)	(2.4418)	(1.7838)	(1.1736)	(1.5564)	(1.3836)
wald for sar	80.8402	80.3482	58.2394	63.7584	38.4717	35.3810
	0.0000	0.0000	0.0000	0.0000	0.0000	0.0000
wald for sem	89.4169	89.3665	62.2931	70.6586	38.5642	32.7608
	0.0000	0.0000	0.0000	0.0000	0.0000	0.0000

续表

变量	0km	50km	150km	200km	400km	500km
个体固定效应	是	是	是	是	是	是
时间固定效应	是	是	是	是	是	是
R^2	0.2125	0.2113	0.1928	0.1941	0.1782	0.1762
Obs	4560	4560	4560	4560	4560	4560

注：***、**和*分别表示1%、5%和10%的显著性水平。

资料来源：作者绘制。

表6.3结果显示，环境规制对工业污染的直接效应和间接溢出效应均是负相关。直接效应在500公里以内均在1%水平上通过了显著性检验，间接溢出效应在500公里及500公里以外不显著。人口规模、产业结构、城市交通水平均与工业污染的溢出效应呈正相关。其中，人口规模仅对本地的工业污染具有溢出效应，对邻地溢出效应不显著；产业结构对本地工业污染以及50公里处的邻地溢出效益显著；城市交通在本地以及100公里处溢出效应显著。当地的经济发展水平、居民收入与工业规模则对本地、邻地工业污染的溢出效应均不显著。

为进一步剖析核心解释变量——环境规制对工业污染溢出的效应，我们试着在0~600公里内每隔50公里设置一个阈值对SDM模型进行一次回归。结果如图6.2所示，本地的环境规制对其150公里以内的工业污染具有显著的负溢出效应，

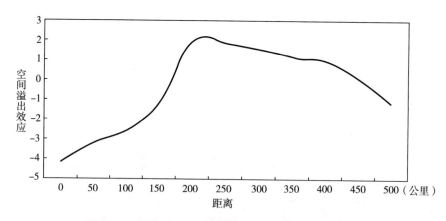

图6.2 环境规制对工业污染空间溢出效应的地理特征

资料来源：作者绘制。

表明环境规制不仅会抑制本地的工业污染排放或减少工业污染量，而且会间接抑制 150 公里内的邻近地区工业污染排放；在 150 公里以外环境规制对工业污染的溢出效应显著为正，在 200~250 公里处达到峰值，说明强环境规制将污染产业挤出到 150 公里以外后，环境规制的辐射效应基本衰减殆尽。环境规制对工业污染的溢出效应呈倒"U"形曲线。

实证结果检验并证实了前文部分推导的理论机制：环境规制对本地和邻近地区的工业污染排放具有显著的抑制效应，且抑制效应随着距离衰减，对本地的抑制作用最强，邻近地区次之；150 公里以内逐渐衰减，150 公里以外至 450 公里以内变为正向作用。所以一个地区的环境规制不但不会抑制这些地区的工业污染排放，反而存在加剧作用，这是因为环境规制对污染企业具有"挤出"效应，即由于本地的环境规制加强，会将本地和邻近地区的污染企业挤出到 150 公里以外的地方，如果那里的环境规制不加强，则会导致其工业污染加剧，形成污染集聚效应。

环境规制对本地的工业污染具有负的溢出效应是可以理解的。一般认为，环境规制强度越强，当地工业污染越少，可为什么在阈值 150 公里以内，环境规制对工业污染的溢出效应仍为负呢？原因可能在于：①环境规制具有一定的辐射范围，不仅约束了本地的工业污染排放，且会影响相邻的城市。②邻近城市存在环境规制竞争行为。当今社会与政府对环保格外重视，相邻城市的环保部门会对环境规制强度采取"互相加价"行为，即互相效仿加强规制强度。③污染型企业为规避环保督察，会远离环境规制强度过强的地区，150 公里以外或许是环境规制作用的拐点，而当阈值超过 450 公里以后，环境规制的作用已经不显著了。

6.4 稳健性检验

前文采用地理距离权重矩阵的方法对 SDM 模型进行了回归，为保证结果的稳健性，本节将使用0-1邻接矩阵替换地理距离权重矩阵后，再对SDM模型进行回归分析。环境规制对工业污染的空间溢出效应影响结果如图6.3所示，可以看出在不同的权重矩阵下，无论是地理距离矩阵还是邻接矩阵，环境规制对本地工业污染均存在抑制作用，在150公里以内逐渐衰减，150公里以外至450公里以内变为正向作用，影响系数呈倒"U"形。这表明前文的回归结果是具有稳健性的。

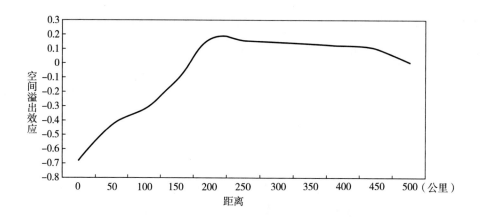

图 6.3　邻接矩阵下境规制对工业污染空间溢出效应的地理特征

资料来源：作者绘制。

6.5　本章小结

本章采用微观经济学、数理推导与空间计量分析方法，分析了环境规制影响附近地区的污染机制，探究环境规制对工业污染空间溢出的阻尼效应。本章主要研究结论如下：

（1）环境规制强度的提高会抬高本地"污染产品"的价格，降低本地"污染产品"的消费数量，降低本地"绿色产品"的价格，提高本地"绿色产品"的消费量。这说明严苛的环境规制会降低"污染产品"的需求、降低"污染产品"的均衡交易量，提高"绿色产品"的需求、提高"绿色产品"的均衡交易量。此外，通过构建污染区际转移模型，使用数理演绎的方法推导出地方政府采取环境规制手段与污染企业数量为反向关系，也就是说，当地的政策越严厉、高压，当地的高污染企业数量越少。

（2）环境规制对本地和邻近地区的工业污染排放具有显著的抑制作用，但溢出效应在 150 公里为临界点，150 公里以内为显著的负效应，150 公里外至 450 公里内为显著的正效应。这说明一个地区的环境规制不仅能有效地促使本地的工业污染减少，也能有效地促使邻近 150 公里以内的地区工业污染减少，但由于环境规制对污染企业具有挤出效应，会促使本地的污染企业转移到 150 公里以外的地区，从而在一定程度上加剧了 150 公里以外地区的工业污染。一个地区的环境规制溢出效应在 450 公里以外就不再显著了，溢出效应在距离上体现为倒"U"形。

（3）人口规模、产业结构、城市交通水平均与工业污染的溢出效应呈正相关。其中，人口规模仅对本地的工业污染具有溢出效应，对邻地溢出效应不显著；产业结构对本地工业污染以及 50 公里内的邻地溢出效应显著；城市交通在本地以及 100 公里内的邻地溢出效应显著。当地的经济发展水平、居民收入与工业规模则对本地、邻地工业污染的溢出效应均不显著。

7 低碳城市试点政策对工业污染的时空效应检验

本书前述章节研究的环境规制是指一个地区总的环境规制强度，即一个地区整体的污染治理情况，如一个地区总的污染治理投资额度、环境案件总数等。为了探讨某一类或某一项环境规制政策的时空效应，本章以"低碳城市试点政策"为例，探讨具体的环境规制政策对工业污染的时空效应，以更具体化呈现某一类环保政策的最终效果，便于当地更好地优化环境规制政策，也便于在工业污染治理中更好地选择环境规制工具或选择工业污染治理的组合政策。

7.1 政策背景与理论假设

7.1.1 低碳城市试点政策的背景

我国作为世界上最大的能源生产国和消费国，在过去的 2004—2019 年我国能源消费总额增长了 28.7%，单位 GDP 能耗是世界平均水平的 1.47 倍，是发达经济体的 2~3 倍，能源结构相对落后。在此背景下，2010 年国家发展和改革委员会发布了建立低碳试点城市的正式文件（以下简称通知），标志着我国开始逐步探索低碳城市建设。为全面推进生态文明建设，2012 年国家发展和改革委员会又启动了第二批低碳市试点建设，包含海南省与北京市、上海市、石家庄市等 28 个城市，此次试点城市的确立，强调了建立温室气体排放控制的责任制度，并明确了减排任务的分配和评估。2016 年，随着我国加入《巴黎协定》，为落实峰会污染减排、能源约束的目标计划，2017 年，国家发展和改革委发布了《关于第三批国家低碳城市试点项目的通知》，进一步扩大了低碳城市的试点范围。第三批低碳城市试点包括沈阳市、大连市、南京市等 41 个地级市与共青城市、阿拉尔市等 4 个县级市。与前两批相比，第三批城市的分布更为广泛和均匀。

通过梳理三批低碳城市试点名单，并结合本书的研究期限和样本发现，在现有的 333 个城市中，低碳城市试点为 96 个，约占 29%；非试点城市为 237 个，占比约为 71%。从低碳城市试点的地理位置分布上看，华北、东北、华东、华中、华南、西北、西南地区的城市数量分别为 18 个、16 个、32 个、16 个、20 个、14 个、15 个，分别占低碳城市试点的 18.7%、16.7%、33.3%、16.7%、20.8%、14.5% 和 15.6%。由上文中的数据我们可知，华东与华南地区分布着最多的试点城市，占所有城市的五分之二。原因在于这些地区在全国范围内属于人口最为密集、工业最为发达的地区，也是污染排放量最高的地区，而这些地区为了保证经济增长而采取粗放型经济发展方式的"惯性效应"也更强。

7.1.2 低碳城市试点政策影响工业污染的理论机制

上述政策背景表明，低碳城市的建设对我国社会经济的发展具有重要现实意义，是我国防治环境污染的一项重要战略，也是优化国家经济结构的重要方式。低碳城市的设立旨在通过降低高碳产业的比重、降低 GDP 能耗，实现经济高速绿色增长。为此，积极探索环境规制政策对工业污染的作用机理，探究如何利用影响机制实现污染减排目标，可有效推进社会经济发展、气候变化与生态建设的协同效应，降低工业污染水平。低碳城市试点政策的实施可加快低碳技术创新，推进低碳技术研发，加速构建低碳排放的产业体系，利用低碳技术改造升级传统产业，培育和拓展新能源等战略性新兴产业；还可以利用低碳城市建立与污染排放数据相关的统计和管理制度，建立完整的数据收集和核算体系，加强对污染排放的监督和控制，为污染治理提供制度保障。

上述分析表明，低碳城市试点政策可有效减少工业污染。在此章节，我们需要厘清的是低碳城市政策是如何降低工业污染的，即对工业污染的作用机理。根据 Grossman 和 Krueger（1995）及 Brock 和 Taylor（2005）的研究，可知调控环境质量的常见手段要依靠技术创新、产业结构调整等。所以本书假设城市可凭借产业结构调整、技术创新、降低能源消耗等途径减少工业污染。低碳城市试点政策对工业污染的影响机理如图7.1所示。

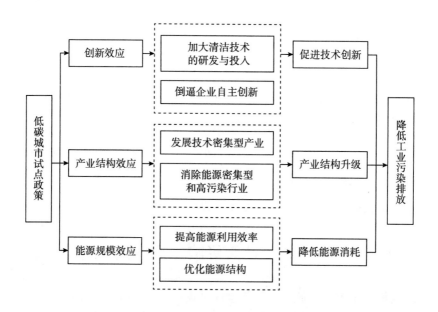

图7.1 低碳城市试点政策对工业污染的影响机理

7.1.2.1 低碳城市可以通过促进技术创新降低工业污染水平

参照"波特假说"，技术创新具有补偿效应，严格的环境规制政策会倒逼企业加大技术研发的投入，改变生产方式，补偿排污费成本。精准实施环境政策的关键在于政府部门要对企业施加适当的压力，以此来提升企业的竞争力和生产效率。低碳城市的建设增加了企业的排污成本与生产成本，当企业寻求最大的利益时，增加的成本将激发企业谋求技术创新。因此，低碳城市试点政策可倒逼企业绿色创新以降低工业污染的排放水平。此外，低碳城市试点政策的工业污染减排路径是构建低碳科技创新机制，通过加大清洁行业的研发力度与资金投入，促进节能环保领域的技术创新，将新技术应用于企业的工业污染减排。因此，以上两条机制路径可总结为低碳城市试点政策的创新效应。

7.1.2.2 低碳城市可通过优化产业结构来降低工业污染水平

如何优化产业结构、夯实第二产业、扩大第三产业占比，是近年来我国各级政府主要攻关的重大课题。低碳城市试点建设的产业结构效应主要表现为推动产业结构转型升级与改善环境质量。传统产业主要依靠的是资本积累与大量劳动力要素的投入，具有能耗高、污染排放强的特性。与之相比，低碳城市试点政策将推动传统产业向高技术、高附加值方向转型升级；淘汰高能耗、高污染的企业，从而为低能耗、低污染的企业提供更大的发展空间。在低碳城市政策的指导下，低碳城市试点将淘汰传统污染密集型产业，发展符合本地优势的低碳产业，如新能源产业、信息业、服务业等，从而降低传统产业所占比例，提升服务业占比，推动产业结构优化。因此，低碳城市试点政策不仅有助于优化产业结构，而且有利于减少工业污染排放。

7.1.2.3 低碳城市可通过降低能源消耗减少工业污染

低碳城市试点建设可以通过鼓励市场参与者减少能源消耗来降低工业污染水平。在政策的约束下，地方政府、企业和消费者都将减少能源消耗。具体来说，低碳城市试点政策会强化环保职能，建立低碳经济的政策法规体系，制定和实行低碳产品优先采购政策与低碳财政税收金融政策。在地方政府的主导下，企业会提高能源的利用效率，提升清洁能源的使用比例。消费者会提高低碳理念，践行低碳消费形式，选择低碳产品与低碳出行方式。可以看出，低碳城市试点政策不仅有助于降低能源消耗强度，而且有助于进一步改善环境质量，减少工业污染排放。

7.1.3　低碳城市试点政策对工业污染的影响假说

随着工业化和城市化进程的加快，工业污染的问题日益凸显，工业污染的防治任务依旧严峻。为此，国家发展和改革委于 2010 年提出展开低碳城市试点工作。依据政策的主要措施，本书估计低碳城市试点政策的落实将激励地方政府加大清洁技术的研发与投入，倒逼企业进行自主创新，发展技术密集型产业，消除能源密集型和高污染行业，提高能源利用效率，优化能源结构。基于以上分析，本书提出第三个假说：

H3：低碳城市试点建设将通过技术创新、优化产业结构和降低能源消耗等方式降低工业污染水平。

7.2　空间双重差分研究设计

基于上文的理论分析，本节将从技术创新效应、产业结构效应与能源消耗效应三个角度剖析低碳城市试点政策影响工业污染的作用机制，并通过构建双重差分模型检验 H3。

7.2.1　基准模型设定

由于环境规制强度与工业污染程度之间存在双向因果关系，以往的研究在分析环境规制政策对经济与环境质量的影响时，多采用 DID 模型或工具变量来缓解内生性问题。但环境规制政策与工业污染排放的空间溢出效应与空间相关性在传统 DID 模型中无法得到准确考量。为保证个体处理稳定性假设（SUTVA）① 的有

---

① SUTVA，即 Stable Unit Treatment Value Assumption，是指个体与个体之间没有相互关系，即各个城市的工业污染水平相互不影响，且对于单个城市而言，环境规制政策只导致一种结果，不会出现多种结果。

效性，本书将引用 SDID 模型控制空间相关性与空间溢出效应。因此，为了准确评估低碳城市试点政策对工业污染排放的影响，本书在传统的政策评估 DID 模型中加入空间矩阵，嵌入空间滞后项，构建了一个 SDID 模型。模型设置如下：

$$pollution_{it} = \alpha_0 + \rho W'_{it}pollution_{it} + \alpha_1 DID_{it} + \gamma_1 W'_{it}DID_{it} +$$
$$\gamma_2 W'_{it}control_{it} + \alpha_2 control_{it} + city_i + year_t + \varepsilon_{it} \tag{7.1}$$

其中，因变量 $pollution_{it}$ 表示地区 i 在 t 年中的工业污染指数。自变量 DID_{it} 表示试点城市虚拟变量：如果该城市变成试点城市则为 1；反之为 0。$control$ 为控制变量，W' 为空间权重矩阵，α_0 与 ρ 分别表示常数与空间滞后系数，α_1 与 α_2 分别表示自变量与控制变量的系数，γ_1 表示自变量的空间滞后系数，γ_2 表示控制变量的空间滞后系数。$city$ 表示城市固定效应，$year$ 表示年度固定效应，ε 表示随机干扰项。

7.2.2 变量选取

7.2.2.1 核心解释变量

低碳城市试点政策是否实施的虚拟变量（DID）。某一城市实施低碳城市试点政策的当年及之后各年份取值为 1，否则为 0。具体城市为低碳城市试点政策背景中的第一批 72 个试点城市。由于首次实施低碳城市试点政策是 2010 年 7 月，考虑政策实施的滞后性，本书将政策起始年份定为 2011 年。

7.2.2.2 被解释变量

工业污染指数（$pollution$）。与第 6 章工业污染指数测算一致，不同的是，第 6 章样本数据为 4560 组，本章为 4176 组，剔除了第二批、第三批低碳试点城市。为此，在对数据进行标准化处理后，第 i 个样本的数据所占比重 P_{il} 为：

$$p_{il} = \frac{D_{il}}{\sum_{i=1}^{4176} D_{il}} \tag{7.2}$$

计算熵值，第 l 项指标的熵值 e_l 为：

$$e_l = -\eta \sum_{i=1}^{4176} (p_{il} \cdot \ln p_{il}) \tag{7.3}$$

其中:

$$\eta = \frac{1}{\ln(4176)} \tag{7.4}$$

最终定义熵权 w_l。第 l 项指标的熵权为:

$$w_l = \frac{1 - e_l}{\sum_{l=1}^{3} (1 - e_l)} \tag{7.5}$$

最终求解得到的熵权即为各个指标的权重。

7.2.2.3 控制变量

(1) 经济发展（PGDP）：用人均 GDP 的对数来衡量，这一变量反映了地方富裕程度和消费水平。因为相对发达的地区消费的增加会促进工业污染物的排放，预计该变量将增加工业污染的排放量。

(2) 政府规模（GS）：用地方政府一般财政预算支出进行表征。地方政府作为环境污染的监管者，其庞大的规模多数是通过招商引资、售卖土地、密集的产业布局等方式实现的，而上述方式大概率会提高当地的工业污染水平。

(3) 人口密度（PD）：用每单位面积上的人口进行表征。该变量通过规模效应和集聚效应影响工业污染排放量。

(4) 科学和教育（SE）：该变量由政府用于科学和教育的支出部分在财政支出中的占比进行表征，这些支出可以起到激励企业增加研发投入的重要作用。

(5) 外国直接投资（FDI）：使用海外直接投资进行表征。FDI 不仅可以增加当地的资本存量，还可以通过技术关联和知识溢出促进当地先进技术的应用与开发，从而减少污染物排放。但是，一些发展中经济体为了追求短期经济利益，通过降低环境法规门槛来吸引外国投资，使其区域成为发达经济体的"污染避难所"。

7.2.2.4 中介变量

(1) 技术创新（TI）：用专利的授权数量进行表征。低碳城市试点政策将通过倒逼企业技术创新、提高资源利用率、降低工业污染排放来实现节能减排。

（2）产业结构（*IS*）：用第三产业的占比进行表征。产业结构将生产活动与环境联系在一起，决定着经济系统中的能源消费方式和污染物排放水平，对环境产生重大影响。

（3）能源消耗（*EC*）：以各城市能源消耗的标准煤进行表征。我国传统的以煤为基础的能源结构决定了能源消耗会排放大量的污染物，导致城市环境恶化。因此，能源消耗的程度将对环境污染产生重大影响。

7.2.3 数据说明

受数据可获得性和统计指标一致性的限制，本书选取了 2004—2019 年我国 261 个城市（合计有数据的共有 285 个城市，剔除了第二批与第三批试点低碳城市）。其中，核心解释变量数据取自国家发展和改革委公布的试点低碳城市；被解释变量、控制变量与中介变量来自《我国城市统计年鉴》和各省份历年统计年鉴；变量能源消耗（EC）来自马克数据网。另外，为了控制模型的异方差，对除分数外的控制变量进行对数处理。相关数据的描述性统计如表 7.1 所示。

表 7.1　变量描述性统计

Variables	Obs	Mean	Std. Dev	Min	Max
Pollution	4176	3.503	0.5038	1.5425	4.5093
DID	4176	0.078	0.3172	0	1
ln*PGDP*	4176	10.3966	0.7572	8.1098	12.9596
GS	4172	9.1486	1.3729	3.8414	15.7044
PD	4152	3.1466	1.3627	0.2046	24.3428
ln*SE*	4176	0.0272	0.0118	0.0145	0.0486
ln*FDI*	4154	6.5083	1.8727	0.2783	11.9045
ln*TI*	4176	3.5996	0.2468	2.1494	4.4466
IS	4176	0.4711	0.1959	0.3653	0.6221
ln*EC*	4176	2.5541	0.7714	1.5841	16.151

7.3　实证结果分析及相关检验

7.3.1　平行趋势检验

SDID 模型的关键识别假设是非试点地区为试点地区的政策处理效果提供了有效的反事实变化。也就是说，在实施低碳城市试点政策之前，城市工业污染保持了相对稳定的变化，试点政策实施后，处理组与对照组之间存在显著差异。为确保满足基本假设，本书遵循多期 SDID 的平行趋势检验方法，并在政策实施的前四年和后三年进行 SDID-SDM 回归。回归结果显示，在排放交易制度实施之前，试点地区与非试点地区的时间趋势没有系统差异，这意味着它满足平行趋势假设。应该注意的是，排放交易系统在处理时间三年后有一定的时滞效应，如图 7.2 所示。

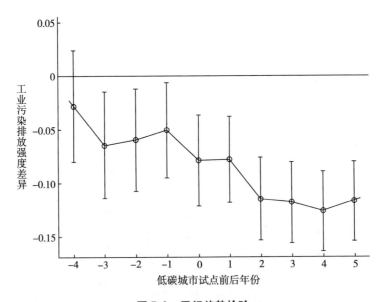

图 7.2　平行趋势检验

资料来源：作者绘制。

7.3.2 基准回归结果分析

回归结果如表 7.2 所示，列（1）至列（6）显示了相应增加控制变量的回归结果。结果表明，无论如何增添控制变量，低碳城市试点政策对工业污染都有显著的负向影响。这表明低碳城市试点政策显著降低了城市的工业污染水平。从控制变量的回归系数来看，经济发展水平显著加深了工业污染程度，这表明，在经济发展水平较高的城市，由于经济体量大、产业布局密集、工业基础夯实，所以地方经济越高，工业污染水平越高。政府规模与工业污染显著正相关，这印证了庞大的政府规模会导致工业污染，或许是因为庞大的政府规模来自地方税收，而污染密集型产业往往要缴纳高额的税率。人口密度系数也显著为正，这表明人口集聚的规模效应会加深当地的工业污染程度，高密度的人口活动势必会导致大量交通尾气的排放。科学和教育是控制变量中唯一显著为负的，这表明地方政府加强科学与技术的投入能有效抑制工业污染，对教育的投入会提高人力资本水平，高人力资本水平的城市对更好的环境质量的期望更高，这将迫使地方政府实施严格的环境规制措施以降低工业污染水平。FDI 系数显著为正，这证明了我国存在"污染天堂"。自改革开放以来，在经济发展与环保的双重压力下，我国政府更有可能采取一些海外招商引资政策，从而推动了污染密集型产业布局国内以发展地方经济。

表 7.2 SDID 模型回归结果

Variables	(1)	(2)	(3)	(4)	(5)	(6)
	Pollution	Pollution	Pollution	Pollution	Pollution	Pollution
DID	−0.2343***	−0.1881***	−0.1875***	−0.1957***	−0.2913***	−0.1399***
	(0.0319)	(0.0314)	(0.0314)	(0.0307)	(0.0288)	(0.0282)
W×DID	−0.3271***	−0.3879***	−0.3142***	−0.4354***	−0.4111***	−0.4741***
	(0.0319)	(0.0319)	(0.0319)	(0.0319)	(0.0319)	(0.0319)
lnRGDP		0.2527***	0.2550***	0.2383***	0.0505***	0.0169***
		(0.0201)	(0.0201)	(0.0197)	(0.0209)	(0.0211)

续表

Variables	(1)	(2)	(3)	(4)	(5)	(6)
	Pollution	Pollution	Pollution	Pollution	Pollution	Pollution
GS			0.0292**	0.0505*	0.0104*	0.0146*
			(0.0107)	(0.0105)	(0.1104)	(0.1101)
PD				0.0948***	0.1078***	0.1101***
				(0.007)	(0.0066)	(0.0065)
lnSE					−0.4057**	−0.3692***
					(0.0211)	(0.0208)
lnFDI						0.2050***
						(0.0165)
Cons	3.5199***	5.613***	5.59***	5.4297***	3.4117***	2.1826***
	(0.0102)	(0.2)	(0.2)	(0.1955)	(0.2114)	(0.2286)
观测值	4130	4176	2778	2735	2735	2726

注：***、**和*分别表示1%、5%和10%的显著性水平；括号内为标准误。

资料来源：作者绘制。

7.3.3 异质性分析

7.3.3.1 城市资源的异质性分析

由于我国城市自然资源禀赋、经济发展和产业结构存在显著差异，低碳城市试点政策的实施对工业污染的影响可能存在差异。为深入研究城市资源依赖的异质性，根据《国家资源型城市可持续发展规划（2013—2020年）》，本书将我国地级城市分为资源型城市和非资源型城市。回归结果如表7.3所示。列（1）与列（2）为非资源型城市样本结果，列（3）与列（4）为资源型城市样本结果。可以看出，对于资源型城市，低碳城市试点政策对工业污染的影响在1%水平上显著为负，说明低碳城市试点政策具有抑制工业污染的作用；而非资源型城市的低碳试点政策系数并不显著。

表 7.3　城市资源依赖异质性检验结果

Variables	非资源城市		资源城市	
	（1）	（2）	（3）	（4）
DID	-0.1019* （0.0627）	-0.0719 （0.0501）	-0.3542*** （0.3395）	-0.03419*** （0.0348）
W×DID	-0.1035* （0.0514）	-0.1612 （0.0155）	-0.4259*** （0.0516）	-0.6019*** （0.0551）
Control	否	是	否	是
Cons	3.4325*** （0.0139）	1.1012*** （0.2936）	3.5622*** （0.0105）	1.5578*** （0.2633）
时间固定效应	是	是	是	是
城市固定效应	是	是	是	是
R^2	0.0272	0.0419	0.3712	0.4443

注：***、**和*分别表示1%、5%和10%的显著性水平；括号内为标准误。

资料来源：作者绘制。

7.3.3.2　城市区位异质性分析

由于我国独特的地理条件和资源禀赋的差异，低碳城市试点政策对我国不同地区的工业污染减排效果可能也存在较大差异。因此，本书将研究样本分为沿海省份城市和内陆省份城市两部分。回归结果如表 7.4 所示，可以发现，内陆省份城市在 1% 水平下回归系数显著为负，而沿海省份城市回归系数不显著。

表 7.4　区域异质性检验结果

Variables	城市区域异质性			
	内陆省份城市		沿海省份城市	
	（1）	（2）	（3）	（4）
DID	-0.1557*** （0.0125）	-0.1643*** （0.0254）	-0.2413* （0.0159）	-0.0261 （0.0514）

续表

Variables	城市区域异质性			
	内陆省份城市		沿海省份城市	
	(1)	(2)	(3)	(4)
$W×DID$	-0.0416***	-0.0509**	0.0446	-0.1588
	(0.0243)	(0.0236)	(0.0351)	(0.0142)
控制变量	No	Yes	No	Yes
Cons	3.4552***	1.2763***	3.5111***	2.2169***
	(0.0322)	(0.014)	(0.3199)	(0.0412)
时间效应	是	是	是	是
地区效应	是	是	是	是
R^2	0.0365	0.2077	0.017	0.3629

注：***、**和*分别表示1%、5%和10%的显著性水平；括号内为标准误。

资料来源：作者绘制。

7.3.3.3 城市规模异质性分析

不同的城市规模应当具有不同的经济体量、人口密度与社会发展水平，这也可能导致低碳城市试点政策实施效果的差异。根据城市划分调整标准文件，结合2019年城市常住人口数量，将城市划分为特大型、大型、中型、小型四种城市，类型划分的依据是常住人口数量，其中小型城市人口数量在50万以下，中型城市人口数量在50万~100万，而人口数量在100万~500万的是大型城市，人口数量在500万~1000万的是特大城市，还有超过1000万人口的超大城市。由表7.5可以看出，特大型城市与大型城市的低碳城市试点政策系数显著为负，而中型城市、小型城市的低碳城市试点政策系数不显著，说明特大型城市与大型城市的低碳城市试点政策对工业污染减排具有良好的作用效果，且随着城市规模的减小，工业减排效果逐渐减弱。

表 7.5　城市规模异质性检验结果

Variables	城市规模的异质性			
	特大型城市	大型城市	中型城市	小型城市
	（1）	（2）	（3）	（4）
DID	−0. 1378 **	−0. 1054 **	−0. 0492	−0. 0245
	（0. 0521）	（0. 0421）	（0. 1341）	（0. 0643）
W×DID	−0. 2954 *	−0. 2367 ***	−0. 1832	−0. 0634
	（0. 0144）	（0. 0144）	（0. 1514）	（0. 0155）
控制变量	是	是	是	是
Cons	3. 5462	3. 1321	2. 7142	1. 5342
	（0. 7663）	（0. 2178）	（0. 7589）	（0. 9326）
时间效应	是	是	是	是
地区效应	是	是	是	是
R^2	0. 3441	0. 2771	0. 3417	0. 4164

注：***、**和*分别表示 1%、5%和 10%的显著性水平；括号内为标准误。

资料来源：作者绘制。

7.3.4　PSM-DID 检验

　　为了减少估计误差，采用 DID 方法处理试点城市与非试点城市之间变化趋势的系统性差异。通过 PSM 方法，最大限度地降低了系统差异造成的工业污染程度的差异，从而降低了 DID 估计的误差。在使用 PSM-DID 方法之前，还应进行测试，以确定 PSM 方法是否有效。首先，我们应该检验共同支持的假设是否成立。由表 7.6 可以看出，所有控制变量匹配后均无显著差异。其中，%Bias 表示特征变量的标准化偏差，均小于 10%，说明匹配效果较好；T 值是 t 检验的结果，T 值越小说明处理组与控制组匹配之后的差异缩小；P 值是对应的概率。可以看出，实验组与对照组的概率密度分布较为接近，匹配效果较好。因此，采用 PSM-DID 方法是可行和合理的。

表 7.6　PSM-DID 方法的适用性检验

Variables	Mean		%Bias	T-Value	p-Value
	Treated	Control			
ln$RGDP$	−11.131	−11.161	−4.6	−0.67	0.504
GS	−0.7967	−0.8024	−0.5	−0.07	0.947
PD	−0.7356	−0.7472	−0.9	−0.12	0.906
lnSE	0.0209	0.062	−7.9	−0.9	0.366
lnFDI	−1.3386	−1.318	−2.5	−0.34	0.731

资料来源：作者绘制。

为了解决内生性问题，再次使用 PSM-DID 方法进行回归，结果如表 7.7 所示。低碳城市试点政策仍然显著降低了工业污染水平。回归结果的系数和方向与 SDID 回归结果基本一致，进一步验证了回归结果的稳健性。

表 7.7　PSM-DID 方法的估计结果

Variables	(1)	(2)	(3)	(4)	(5)	(6)
	Pollution	Pollution	Pollution	Pollution	Pollution	Pollution
DID	−0.0877***	−0.1947***	−0.1933***	−0.2057***	−0.1997***	−0.1529***
	(0.0319)	(0.0314)	(0.0314)	(0.0307)	(0.0288)	(0.0282)
W×DID	−0.1514***	−0.1451***	−0.3544***	−0.3114***	−0.1578***	−0.2454***
	(0.0552)	(0.1451)	(0.0254)	(0.0142)	(0.2150)	(0.0141)
ln$RGDP$		−0.2527***	−0.2550***	−0.2383***	−0.0505***	0.0169***
		(0.0201)	(0.0201)	(0.0197)	(0.0209)	(0.0211)
lnGS			−0.0292***	−0.0505***	−0.0104**	−0.0146**
			(0.0107)	(0.0105)	(.0104) 0	(0.0101)
lnPD				0.0948***	0.1078***	0.1101***
				(0.007)	(0.0066)	(0.0065)
lnSE					0.4057***	−0.3692***
					(0.0211)	(0.0208)
lnFDI						−0.2050***
						(0.0165)
Cons	3.5199***	5.613***	5.59***	5.4297***	3.4117***	2.1826***
	(0.0102)	(0.2122)	(0.2787)	(0.1955)	(0.2114)	(0.2286)

Variables	(1)	(2)	(3)	(4)	(5)	(6)
	Pollution	Pollution	Pollution	Pollution	Pollution	Pollution
N	4176	4176	4176	4176	4176	4176
R^2	0.003	0.134	0.136	0.189	0.286	0.325

注：$**$ 和 $***$ 分别表示 5% 和 1% 的显著性水平。

资料来源：作者绘制。

7.4 进一步讨论

依据理论假设与基准回归的结果，我们发现低碳城市试点政策可降低工业污染物排放，那么要做的进一步研究是验证理论假说，检验低碳城市试点政策降低工业污染的机制路径。进一步的讨论可为政策建议部分推广低碳城市试点政策提供经验支撑。为此，本书将使用 2004—2019 年我国城市面板数据，构建 SDID 模型来分析技术创新效应、产业结构效应与能源消耗效应对工业污染减排的中介效应。

7.4.1 技术创新效应

技术创新效应改善环境质量的机理在于新技术进步带来的节能减排效果。低碳试点政策将加强对城市环境的限制，这将迫使企业加大对生产和环保领域新技术的研发、创新和应用的投入。

本书使用专利授权数量表征技术创新，并通过以下模型检验其机制：

$$pollution_{it} = \alpha_0 + \rho W'_{it} pollution_{it} + \gamma_2 W' control_{it} + \alpha_2 control_{it} + city_i + year_t + \varepsilon_{it} +$$

$$(\alpha_1 DID_{it} + \alpha_3 TI_{it} + \alpha_4 DID_{it} \times TI_{it}) + W'_{it}(\gamma_1 DID_{it} + \gamma_3 TI_{it} + \gamma_4 DID_{it} \times TI_{it})$$

$$(7.6)$$

7.4.2　产业结构效应

传统产业结构的转型升级是低碳试点政策提高环境质量的主要任务之一。大多数传统产业依赖于大量的资本和劳动力投资，在低碳试点政策的指导下，这些产业将升级转化为技术先进、高附加值、低污染的产业。低碳城市试点政策会强制要求高污染企业停业，对低污染企业也会实施一些优惠政策和财政援助，从而进一步培育和发展新能源等战略性新兴产业，最终形成低污染、低排放的绿色产业体系。

本书用第二产业比重来衡量市级产业结构，估计模型设为：

$$pollution_{it} = \alpha_0 + \rho W_{it}' pollution_{it} + \gamma_2 W_{it}' control_{it} + \alpha_2 control_{it} + city_i + year_t + \varepsilon_{it} +$$
$$(\alpha_1 DID_{it} + \alpha_3 IS_{it} + \alpha_4 DID_{it} \times IS_{it}) + W_{it}'(\gamma_1 DID_{it} + \gamma_3 IS_{it} + \gamma_4 DID_{it} \times IS_{it})$$

$$(7.7)$$

7.4.3　能源消耗效应

低碳城市试点政策可以减少能源消耗。作为一种环境规制工具，低碳城市试点政策旨在减少污染物排放。由于污染控制和治理的成本较高，企业将被迫降低能源消耗，提高能源利用率。具体来说，能源消耗会排放大量的污染物，导致城市环境质量的恶化，低碳城市试点政策致力于倡导绿色低碳理念，发展低碳交通、低碳生产、低碳生活，这样可以优化能源结构，降低能耗。此外，在低碳城市试点政策的指导下，人们将更换低碳、科学的消费、交通和生活方式，从而减少能源消耗，提高能源效率。

本书用各城市能源消耗万吨标准煤（对数形式）来表征，并通过以下模型检验上述机制：

$$pollution_{it} = \alpha_0 + \rho W_{it}' pollution_{it} + \gamma_2 W_{it}' control_{it} + \alpha_2 control_{it} + city_i + year_t + \varepsilon_{it} +$$
$$(\alpha_1 DID_{it} + \alpha_3 EC_{it} + \alpha_4 DID_{it} \times EC_{it}) + W_{it}'(\gamma_1 DID_{it} + \gamma_3 EC_{it} + \gamma_4 DID_{it} \times EC_{it})$$

$$(7.8)$$

7.4.4 机制检验结果

根据基准回归结果，低碳城市试点政策可以显著降低城市工业污染水平。但低碳城市试点政策是如何降低工业污染的？采用式（7.6）至式（7.8）中的三步验证方法，来检验低碳城市试点政策对工业污染的影响机理，检验结果如表7.8所示。在列（1）中，低碳城市试点政策对工业污染的影响效果为-0.2139，在1%的水平下显著，加入空间权重矩阵后影响为-0.2782，与基准回归的结论一致。在列（2）中，低碳城市试点政策对技术创新的回归系数在1%水平下显著为正，说明低碳城市试点政策有利于城市技术创新。在列（3）中，技术创新对工业污染的回归系数显著为负，在1%水平下显著，说明技术创新水平可以有效降低工业污染。综合以上结果，低碳城市试点政策提高了城市技术创新水平，技术创新水平的提升抑制了工业污染排放；其中，中介效应为0.0205，约占总效应的14.36%，Bootstrap检验至少在5%水平显著，表明技术创新存在明显的中介作用。列（4）至列（5）和列（6）至列（7）分别为产业结构和能源消耗作为中介物时的回归结果。产业结构和能源消费的中介效应分别为-0.0189和-0.0059，约占总效应的13.23%和6.06%。综上所述，技术创新效应最强，其次是产业结构效应和能源消耗效应。结果进一步表明，低碳城市试点政策通过技术创新和产业结构升级对工业污染减排具有较好的效果，但对能源消耗的影响相对较弱，仍有很大的提升空间。

表7.8 机制检验结果

中介效应	(1)	(2)	(3)	(4)	(5)	(6)	(7)
	创新效应			产业结构效应		能源消耗效应	
	Pollution	TI	Pollution	IS	Pollution	EC	Pollution
DID	-0.2139*** (0.0274)	0.3534*** (0.0252)	-0.1634*** (0.0281)	0.5445*** (0.1236)	-0.124*** (0.0271)	-0.1967*** (0.0541)	-0.1371*** (0.0275)
W×DID	-0.2782*** (0.0271)	0.2661*** (0.0129)	-0.1992*** (0.0371)	0.4201*** (0.0625)	-0.3928*** (0.0516)	-0.3891*** (-0.0261)	-0.4299*** (0.0121)

续表

中介效应	（1）	（2）	（3）	（4）	（5）	（6）	（7）
		创新效应			产业结构效应	能源消耗效应	
	Pollution	TI	Pollution	IS	Pollution	EC	Pollution
M			−0.0583***		−0.3474***		0.0294***
			（0.0178）		（0.0326）		（0.009）
Control	是	是	是	是	是	是	是
Cons	2.3001***	0.4538***	2.327***	4.9035***	4.0044***	207813***	5.1346
	（0.1873）	（0.172）	（0.054）	（0.093）	（0.2441）	（0.3414）	（0.225）
Sobel 检验	0.0205			−0.0189		−0.0058	
	（Z=3.165，p=0.0015）			（Z=−3.749，p=0.000）		（Z=−2.517，p=0.0118）	
Bootstrap 检验（直接影响）	0.1634			0.124		0.1371	
	（Z=−5.8112，p=0.000）			（Z=−0.0271，p=0.000）		（Z=−4.9945，p=0.000）	
Bootstrap 检验（间接影响）	0.0205			0.0189		0.0059	
	（Z=3.165，p=0.0015）			（Z=−3.749，p=0.000）		（Z=−2.517，p=0.0118）	
间接影响比例	14.36%			13.23%		6.06%	
R2	0.3143	0.8872	0.3163	0.2942	0.3347	0.5967	0.3163

注：***、**和*分别表示1%、5%和10%的显著性水平；括号内为标准误。

资料来源：作者绘制。

通过基准回归结果与机制检验结果，验证了本书的 H3 成立，即低碳试点政策会通过技术创新效应、产业结构效应与能源消耗效应降低工业污染排放。

7.5　本章小结

当前，环境污染问题的根源在于社会经济发展方式、生产方式、生活方式以及消费模式。我国的"低碳城市"建设被视为生态文明体制改革的重要组成部分。"低碳城市"建设倡导发展低碳产业、建设低碳城市、倡导低碳生活，是实现绿色低碳发展的重要途径。基于上述背景，本书选取我国 261 个地级市 2004—

2019 年的面板数据来检验低碳城市试点政策的有效性。考虑工业污染存在空间正相关性，本章采用 SDID 模型检验低碳城市试点政策实施对工业污染排放的影响，分离外部效应对邻近城市环境规制政策的影响，控制其他城市的工业污染相关性。实证结果表明：

（1）低碳城市试点政策的实施可以显著降低试点城市的工业污染排放，且对周边非试点城市具有溢出效应和示范效应，能够很好地促进工业污染治理，所以可进一步增加试点城市的数量。

（2）低碳城市试点政策的传导机制是通过技术创新效应、产业结构效应与能源消耗效应三个方面来降低工业污染排放，其中技术创新效应作用最强，其次是产业结构效应和能源消耗效应。

（3）低碳城市试点政策对试点城市工业污染物排放的减排表现出显著的异质性。低碳城市试点政策的工业污染减排效应在资源型城市、内陆省份城市、特大型城市与大型城市更为显著，在非资源型城市、沿海省份城市、中型城市与小型城市不显著。

8 研究结论与政策建议

8.1 研究结论

　　本书通过对环境规制强度与工业污染指数进行测度，分析了环境规制强度与工业污染的时空演变规律，探讨了环境规制与工业污染的空间分异及空间分异因素贡献，揭示了环境规制对工业污染空间分异及空间溢出的影响机制；在此基础上，研究了环境规制对工业污染的空间溢出效应，并选取低碳城市试点政策作为环境规制的案例，实证检验了环境规制政策对工业污染减排的时空效应。具体研究结论如下：

　　（1）从时空视角来看，环境规制重心与工业污染重心随时间的推移逐渐错开。①环境规制强度与工业污染的时间演变特征显示，2004—2019年，我国环境规制强度总体呈现上升趋势，工业污染呈现下降趋势。环境规制强度从局部区域看，2004年，七大区域环境规制强度均在较低水平，且差异较小；2005年之后，华东地区开始上升，增速最快，华北地区、东北地区、华东地区与华南地区也保持着较快的增速，唯有西南地区、西北地区增速较慢。工业污染从局部区域看，2004—2008年，华北、东北、华东、华中、华南、西南六个区域工业污染指数均表现出波段性平缓上升，2009 年起，六大区域工业污染指数开始出现下降趋势；西北地区较为特殊，虽然 2004—2019 年其工业污染指数始终低于其他六大区域，但始终处于增长的态势，截至 2019 年，西北地区工业污染指数有超越西南地区的趋势。②从环境规制强度与工业污染的空间演变特征来看，2004 年，我国华东、华北、华中大部分地区都是热点与次热点地区，在胡焕庸线以西；西北与西南地区都是冷点地区。环境规制强度呈现"东高—西低""北高—南低"的空间特征。截至 2019 年，环境规制强度冷点地区仍集中在胡焕庸线以西，热点地区集中在华东、华北的沿海地区。从工业污染的冷点—热点变迁来看，2004 年我国工业污染集聚明显，地区差异较大，呈现"东高—西低"态势，工业污染在热点地区向外减弱，逐渐降为次热点地区、次冷点地区、冷点地区。2019 年，工业污染热点地区减少，热点地区分散布局在沿海省份，但表现为"由集聚转为发散"，转移方位为"由东向西""由南向北"。③从环境规制强度与工业污染的重心可视化分析可知，2004 年环境规制强度与工业污染的标准差椭圆分布重心基本重合，总体位于河南中心位置；但到了 2019 年，环境规制强度重心整体向东南方向迁移了 28.342 公里，工业污染重心向西迁移了 41.812 公里，环境规制与工业污染的重心随时间的推移逐步错开。

（2）环境规制强度呈现空间收敛趋势，但工业污染空间分异却逐渐扩大。①环境规制强度的空间分异在逐步缩小，总体空间分异系数从 2004 年的 0.4243 降至 2019 年的 0.3277。分区域看，七大地区的区域内分异系数也在逐步缩小，分异系数由大到小依次为华南地区、华中地区、西南地区、华北地区、西北地区、东北地区、华东地区；驱动环境规制空间分异的因素依次是区域间差异、超变密度、区域内差异。②环境规制强度呈现明显的 σ-收敛态势，全国环境规制强度的变异系数从 0.632 降至 0.321。分区域看，华北、东北、华东、华中、华南、西南、西北地区的变异系数分别下降了 63.6%、67.5%、45.1%、38.0%、47.1%、41.1%、52.5%，说明七大区域的环境规制强度也存在 σ-收敛。从环境规制强度的绝对 β-收敛检验结果来看，在 FGLS 模型估计下，华东地区的收敛速度最快，高达 1.41%，远高于全国的 0.72%；其次分别是华北、华中、西北、西南、华南；收敛速度最慢的华南地区仅有 0.26%。这一结论与环境规制强度地区差异及 σ-收敛结论基本吻合。从环境规制强度的条件 β-收敛检验结果来看，环境规制强度指标 ER 系数为负数，表明环境规制强度具备条件 β-收敛的特征。控制变量中，经济发展水平指标系数显著为负，说明经济增长能促进环境规制强度的条件 β-收敛；科技水平指标系数除东北地区外，其余显著为负，说明科技水平的提升能有效提高环境规制强度的条件 β-收敛；人口增长指标系数显著为正，说明人口的增多并不能提高环境规制强度的条件 β-收敛；产业结构指标系数为负，但不显著；能源效率系数显著为负，尤其是在东北、华东、华中、华南地区显著为负，说明能源效率的提升能有效促进环境规制强度的条件 β-收敛；外商直接投资水平系数显著为负，尤其是在华北、东北、华东、华中、西南地区显著为负，说明外商直接投资的增加能有效促进环境规制强度的条件 β-收敛。③工业污染空间分异随时间的推移逐渐扩大，总体分异系数由 2004 年的 0.3680 上升至 2019 年的 0.4582；其中，华北、华南、西南、西北四个地区工业污染指数的地区分异呈现扩大的态势。从工业污染空间分异的来源及贡献率来看，在 2006 年及之前，工业污染空间分异的主要来源依次为区域间差异、超变密度、区域内差异；2007 年后，工业污染空间分异的主要来源依次为超变密度、区域间差异、区域内差异。

（3）环境规制、人均 GDP、年均降水量、人口密度是驱动工业污染空间分异的主要因素，环境规制通过污染产业转移、技术创新、环境竞争等驱动工业污染产生空间溢出。①通过地理探测器模型发现平均气温、年均降水量、森林覆盖率、人均 GDP、外商投资、规模以上工业企业个数、人口密度、人均民用汽车保有量、人均道路面积、城镇化率、科学技术财政支出 11 个指标对工业污染分异影响显著。②利用 GTWR 模型分析工业污染空间分异，发现环境规制对工业污染作用均呈现负相关，影响较大的省份主要分布在华东、华北地区及华南地区的广东、西南地区的四川等地；而东北地区、西北地区与西南地区的云南、贵州、重庆等地作用较小。年均降水量对工业污染影响系数为负的地区主要集中在华北、西北、华中的部分地区；影响系数为正的地区主要集中在西南、华南与东北沿海地区。人均 GDP 对工业污染的负向影响主要是相对发达的北京、上海、江苏等地区,此类地区或已通过环境库兹涅茨曲线的"拐点";而西北、西南、华中等地区为正向作用。人口密度对工业污染的影响系数呈现出"北低—南高"的空间特征,呈正向作用的是经济发达或人口稠密地区,呈负向作用的是人口稀薄的海南、青海、甘肃等地区。③通过 SDM 模型分析环境规制对工业污染的空间溢出,将环境规制分为市场型环境规制、政府型环境规制与公众型环境规制,发现市场型环境规制通过污染产业转移触发"污染避难所"效应,对邻地工业污染影响显著为正,路径系数为 0.330;政府型环境规制通过绿色技术创新触发"波特效应"与技术溢出效应,对邻地工业污染影响显著为负,路径系数为 −0.407;公众型环境规制通过环境竞争触发"逐顶竞争效应",对邻地工业污染影响显著为负,路径系数为−0.311。

(4) 环境规制对工业污染具有空间溢出性,即本地环境规制不仅能有效地促进本地工业污染减排,也能促进邻地工业污染的减排,临界距离是 150 公里。①通过构建空间杜宾模型检验环境规制对工业污染的空间溢出效应,结果表明,环境规制对本地和邻地的工业污染排放具有显著的抑制作用,但溢出效应在 150 公里为临界点:150 公里以内为显著的负效应,150 公里外至 450 公里内为显著的正效应,溢出效应在 450 公里以外不显著,溢出效应在距离上体现为倒"U"形。究其原因,可能是环境规制具有一定的辐射范围,不仅约束了本地的工业污染排放,且会影响相邻的城市。除此之外,邻近城市存在环境规制竞争行为,特别是当今社会与政府对环保的重视,相邻城市的环保部门会对环境规制强度采取"互相加价"行为,即互相效仿加强环境规制强度。此外,污染型企业为规避环保督察,会远离环境规制强度过强的地区,150 公里以外或许是环境规制作用的"拐点",而当阈值超过 450 公里以后,环境规制的溢出作用已经不显著了。②从控制变量来看,人口规模、产业结构、城市交通水平均与工业污染的溢出效应正相关。其中,人口规模仅对本地的工业污染具有溢出效应,对邻地溢出效应不显著;产业结构对本地工业污染以及 50 公里以内的邻地溢出效益显著;城市交通对本地以及 100 公里以内的地区溢出效应显著;当地的经济发展水平、居民收入与工业规模则对本地、邻地工业污染的溢出效应均不显著。

（5）低碳城市试点政策作为环境规制的一项具体政策，能有效地降低试点城市的工业污染排放，对邻近地区具有溢出效应和示范效应。本书以我国 2010 年第一批低碳试点城市为对象，利用空间双重差分模型检验了低碳城市试点政策对工业污染减排的影响。实证结果显示，低碳城市试点政策的实施可以显著降低试点城市的工业污染排放，促进工业污染减排。利用中介效应模型对试点城市工业污染排放水平进行机制检验，结果表明，低碳城市试点政策将通过技术创新效应、产业结构效应与能源消耗效应等途径降低工业污染物排放，其中技术创新效应作用最强，其次是产业结构效应和能源消耗效应。通过异质性检验发现，低碳城市试点政策的实施对试点城市工业污染减排具有显著的异质性，低碳城市试点政策的工业污染减排效应在资源型城市、内陆省份城市、特大型城市与大型城市更为显著，在非资源型城市、沿海省份城市、中型城市与小型城市不显著。

8.2　政策建议

我国是一个体量庞大的"大国经济体"，人口众多、土地辽阔，能源消耗巨大，工业污染排放日益严重。为加强工业污染联合减排、优化环境政策的实施、强化政策的协同效应、促进经济可持续发展，基于上文的研究结论，本书提出以下五点政策建议：

8.2.1　调整环境规制实施的重心，因地制宜推出不同的环境规制政策

通过工业污染的时空演变特征与 Dagum 基尼系数分解发现，我国工业污染存在明显的地区差异。为此，环境规制工具的实施不能"一刀切"，要根据各地方经济规模、产业结构、人口规模、地理特征、气候等方面的差异，因地制宜、

"对症下药"，出台具有针对性的工业污染攻坚治理方案。

（1）提高地区环境规制最低标准。虽然各地区的经济发展水平和阶段存在差异，但落后地区环境规制标准并非无下限，发达地区环境规制标准也不能无限提高，中央政府可依据我国目前七大行政区域划分七个梯度环境规制标准，每一梯度标准均是相应区域的最低规制标准。

（2）适当强化发达地区环境规制强度。经济发展较好的区域当地居民对生活品质的要求高，所以政府对企业排污的要求也要更严格。在此背景下，应当灵活确定环境规制的强度，如果政府采取的环境控制措施过于严格，最终将导致企业支付额外的成本过高，本地的企业数量将会大幅度减少，对地方的经济和工业健康发展不利。此外，如果发达地区对本地的环境不够重视，对企业缺乏约束，将不利于本地企业进行产业结构优化。所以发达地区最好采用中等强度的环境规制，还应结合市场与资源的影响。经济发达地区进行环境规制的核心要点并不一定是强行限制污染物排放，还有更新环境规制的工具，推动提升环境管制效率，使环境规制在执行上不是强制化的，以完善当地的市场机制建设，鼓励企业采取高级化生产技术。对于不同地区而言，也应结合自身的内在条件与经济发展水平，制定灵活的环境管理制度。因此，华东、华北、华南等地区的省份应统筹空间布局，制定统一的功能区域规划，建立权威、紧密的协调监管、执法机制，打破能源交易流通壁垒，推动跨省份的企业合作和资源结构优化配置。同时，应振兴新能源产业，推进煤化工等传统能源体系改革，大力发展循环经济。

（3）对经济不发达地区而言，制定环保有关政策应当注意保证经济发展，在确保经济得以发展的同时关注环境质量，重视高排污企业对本地环境的破坏，摸清本地公民对环境质量的需求。从工业生产的角度看，应当在保障工业顺利发展的同时积极推动其产业升级。我国山西等地区常年依赖高污染产业保障经济增长，当地的环境规制强度长期较低，所以可以考虑提高环境规制要求，适当限制高污染企业的产量，逐步淘汰高污染企业，由此逐步转型成为高效的发展模式。值得讨论的是，很多资源丰富的地区，在当地政府制定了严格的环境规制工具之后，地区的主要企业切实落实了产业结构升级的要求。例如，我国河北地区在采取了高强度的环境规制手段之后，一方面使工业污染在生产时进一步降低，改善了生态环境；另一方面引入了很多发达省份的工业转移，采用此方式也限制了其他省份的高污染企业的转入，"逼迫"这些企业进行转型升级，推动本省有关产业向更健康的方向发展。为了确保环境规制手段更加高效，欠发达地区的工业产业的污染减排必须确立生态环境保护红线和底线，工业污染排放由末端治理转向源头治理。具体而言，可采用环保补贴政策，加大清洁工业产品的优惠力度，引导企业积极创新，加大中央财政对地方环境专项转移支付的力度。同时，应当加强环境治理方式的强制性，对污染程度高、生产效率低的工业企业要以政府型环境规制进行强制干预，对退出、兼并重组的污染企业要有全面的支撑优惠政策加以保障。为此，东北、西北、西南、华中等地区应尽快出台明确的能源消费总量控制目标，把调整能源结构、降低煤炭消费量作为长期的工业污染控制核心政策之一。应进一步加大对污染企业整治力度，限制与煤炭相关的电力、钢铁、金属冶炼、化工等高耗能、高污染行业进一步扩张，加快"脱硫脱硝""除尘改造"工程的建设；同时也应做好建筑施工扬尘和机动车尾气污染的监管工作，对污染进行全面控制。

8.2.2 提高环境规制的行业标准与监管力度，精准识别"隐性"污染产业

由第 4 章环境规制强度的收敛与第 5 章工业污染的分异机理可知，环境规制强度趋于收敛，且环境规制强度的提升可抑制工业污染排放，只是抑制程度存在差异。为此，本书建议应当提高排污标准与加大监管力度，针对不同行业出台相应的环境约束强度。

（1）提高行业环境规制最低标准。通过制定整体、区域和行业最低标准可以分层次分阶段逐步提高我国环境规制标准。产业发展要想符合可持续发展、包容性增长要求，可出台优惠措施以鼓励其降低能源消耗，以产业创新、技术改造加快转型升级的步伐；为降低碳排放密度，可以采取降低行业资本密集度的方式引入外资到劳动密集型行业，对于拒不接受整改的企业和项目，则勒令限期予以

撤离。想方设法为地方政府提供相关污染信息，尤其是资本密集型和高碳产业等排污量大的产业；为防止地方政府因信息不对称而盲目承接污染型产业，还可编制《产业承接地鼓励、限制、禁止产业的目录》等，通过多种方式以达到促进清洁技术发展、降低能源消耗、减少污染物排放的目的。

（2）精准识别"隐性"污染产业，加强"隐性"污染产业的环境监管力度。"隐性"污染往往以中间产品投入为载体。对于进口中间品来说，相关政府部门应该充分考虑其"碳含量"，对其进行与地区、行业中间产品进口投入相关联的环境规制。对于诸如电气机械、金属制品、仪器仪表、电子通信设备、金属冶炼及压延等高投入、高排放的制造业进行重点监管。

8.2.3 建立区域合作协调机制，实现工业污染减排联防联控

由第 3 章工业污染的地区差异测算可知，工业污染地区差异趋于扩大，第 6 章实证结果也表明环境规制对工业污染具有空间溢出效应，因此，要以区域合作协调机制实现工业污染减排联防联控。可以从以下几个方面实施：

（1）建立在充分考虑科学性和经济性的前提下，可按行政区划设立华北、东北、华东、华中、华南、西南、西北 7 个协同区，协作完成污染治理。协同区域内应当制定统一的工业废气排放标准，设定固体颗粒物、工业二氧化硫、工业废水等污染的排放标准，对于违反了标准的组织进行惩罚或者警告，协同提升整个区域的污染治理效果。

（2）鼓励多部门合作，建立联合防控体系，设立协同工业污染减排区。在协同区域内，通过协同监管、协同考核、协同检测实现工业污染减排的协同治理要求。推进邻近政府环境联合监测，实现跨区域和跨边界"流动污染物"的共同监管。共同监管由邻近的环保组织共同制定大气与水质的标准，提出监测项目、监测方案、监测流程、监测方法等，并将有关资料向上级汇报并备案。建立多主体协作的检测体系与监测数据库，联合发布各种生态环境的监测结果。

（3）建立环境信息共享系统，充分整理环境信息，建立大型信息交流平台，

为制定后续政策提供支持。一方面，地方政府要及时更新本地环境信息，向邻近地区地方政府通报本地大气污染和水域污染指数，提高环境质量的透明度。另一方面，政府为公众提供投诉和建议的平台，加强公众监督，拓宽环境信息获取渠道，促使公众的诉求能在政府环境信息公开中得到及时有效的反馈。

（4）建立平衡生态与利益的长效机制。在划分好各地工业污染治理权责的前提下，应当引导环境保护政策下的受益方向受损方进行一定程度的经济补偿，实现经济发展与治理两方面的平衡。此外，制定生态补偿的基本原则、补偿方式和标准，协调环境治理的资金投入和法律责任，加速推动生态补偿建设。通过对湿地、海洋、流域等资源生态服务价值的评估，开展全域生态补偿举措，完善流域监控网络体系建设，优化跨省份生态补偿方案，逐步建立流域生态补偿长效机制，因地制宜地制定跨省份生态补偿范围、补偿标准和补偿模式，开展跨省份考核断面监测、跨省份资金管理和绩效考核、跨省份管理和监督等方面的工作，构建跨省份生态补偿长效机制。

8.2.4 充分把握空间溢出效应，发挥环境规制邻地效应，引导工业污染减排

依据空间杜宾模型与莫兰指数的实证结果，我们发现环境规制强度与工业污染均具有显著的空间溢出及空间关联效应。因此，各地方政府在使用环境规制工具过程中，应加强区域间环境规制工具、环境资源、能源等要素协作重组，鼓励具有清洁能源优势的地区向其他地区输出能源，降低经济社会发展水平对高污染、不可再生能源的依赖程度。

（1）环境规制强度的测算表明，山东、江苏、浙江、湖北、广东等地的环境规制强度较高，在全国空间关联网络中处于主导地位，影响着周边地区工业污染的水平，而西北、东北、西南等地区的省份环境规制强度相对较低，处于环境规制强度负向溢出效应的边缘位置，有可能沦为环境规制强度较高地区的"污染避难所"。基于此，应积极探索西北、东北、西南等地区的环境协同治理联动，加强与周边环境规制较强地区如华北、华南等地的信息联动，增强能源要素配

置，推动管理体制改革，形成垂直式管理；中央还要加大监督力度，削弱工业企业与政府之间的议价能力，提高环境规制强度，抬高排污标准，提高区域整体环境效率水平。

（2）根据第6章的实证结果，环境规制强度的空间溢出效应主要通过被解释变量和解释变量的空间滞后项进行传递，人口密度、经济发展水平、规模以上工业总产值、产业结构、人均道路面积直接效应与间接效应的比例差异较大。要想实现工业污染减排，需要充分考虑空间异质性和外溢性，需要在区域差异化工业污染的基础上，稳步提高西北、西南、东北等经济发展水平低的人口密度，加快华东、华南、华北地区技术创新的步伐，优化华中地区产业结构升级和能源消费结构。在扩大对外开放的同时，加大对外商投资的甄别，实现区域经济发展与工业污染减排的双赢。

8.2.5　精准布局低碳城市试点政策，逐步面向全国推广

基于第7章结论，低碳城市试点政策可通过技术创新效应、产业结构效应与能源消耗效应降低工业污染，为此，本书建议进一步扩大低碳城市试点的布局范围，推动技术创新，优化产业结构，提高能源使用效率。具体如下：

（1）充分发挥环境规制政策在环境治理中的重要作用，逐步拓展低碳城市试点政策的实施范围。当前低碳城市试点政策在各试点城市已经取得了良好的成效，中央政府应以2010年的低碳城市试点政策为基础，加快总结试点城市的工作经验和必要条件，向更大范围推广低碳城市试点政策，探索实现低碳城市试点在不同省份、不同行业间的工业污染减排机制；同时，逐步将工业污染减排约束纳入政策考核指标，立足国情，统筹兼顾，加大改革力度，确保低碳城市建设，提高工业污染减排的时效性。

（2）推动技术创新，促进产业结构优化，提高能源使用效率。由第7章低碳城市试点政策对工业污染的影响机制研究可知，低碳城市试点政策是通过创新效应、产业结构效应与能源消耗效应影响污染减排的。为此，应当鼓励科技创新，

增加地方政府科研经费。政府的科研补贴政策可以促进环境领域的技术创新，使企业和行业能够减少空气污染物排放。因此，地方政府应加大减排技术研究的研发投入，鼓励高等院校、研究机构与企业合作，保障旨在优化资源和促进技术创新的科学研究。加强企业专利保护，鼓励企业积极创新，提高技术水平。特别是技术水平相对不足的东北、西北、西南等地区，要加快引进华北、华东地区战略性新兴产业与重大科技示范项目，鼓励"绿色导向"的技术研发，逐步缩小科技创新差距。此外，受能源消费以及工业生产性质等的影响，能源消费在很长时间内都将处于主体地位，所以可以考虑积极开发清洁能源，积极研发新技术，推动太阳能、风能等清洁能源的利用，提升清洁能源的消耗比例。

（3）结合异质性分析，并根据低碳城市试点政策因地制宜的实施效果，第四批低碳城市试点政策可重点布局资源型城市、内陆省份城市与大型城市、特大型城市，逐步面向全国推广低碳城市建设。

8.3 研究不足与展望

（1）目前，全球经济处于多元化发展态势，而其中工业排放的污染类型与影响排污的要素也在不断增多。考虑到数据获取的难易程度，本书仅选择了22个变量，在未来研究中为获取更为精准与科学的实证结果可拓宽数据获取的渠道，如遥感数据、AHQ数据等，尽可能将更多微观因素纳入分析框架，尽可能多地识别影响工业污染空间分布差异的驱动因子。

（2）本书仅局限于研究工业污染，虽然污染物的来源主要是工业，尤其是高能耗、高污染、高排放的粗放型产业，但未来的研究应该从产业结构的角度深入研究污染物排放的影响，尤其是三大产业近几年的碳排放变化。目前，第三产业发展迅速，第三产业占国民生产总值的比重已经超过了第二产业所占的比重，因此，服务业的污染排放也是未来研究的重点。

参考文献

[1] Aiken D, Fare R., Grosskopf S, Pasurka C. Pollution abatement and productivity growth: Evidence from Germany, Japan, the Netherlands, and the United States [J]. Environmental & Resource Economics, 2009, 44 (1): 11-28.

[2] Albrizio S, Kozluk T, Zipperer V. Environmental policies and productivity growth: Evidence across industries and firms [J]. Journal of Environmental Economics and Management, 2017, 81.

[3] Almeida P, Kogut B. Localization of knowledge and the mobility of engineers in regional networks [J]. Management Science, 1999, 45 (7): 905-917.

[4] Anselin L, Rey S. The performance of tests for spatial dependence in a linear regression [J]. NCGIA Technical Reports, 1991, 13 (6): 13-33.

[5] Anselin L. Spatial econometrics: Methods and models [M]. Springer Netherlands, 1988.

[6] Avinash Dixit. International trade policy for oligopolistic industries [J]. The Economic Journal, 1984, 9 (4): 1-16.

[7] Esteve V, Cecillio Tamarit. Is there an environmental Kuznets curve for Spain? Fresh evidence from old data—Science direct [J]. Economic Modelling, 2012, 29 (6): 2696-2703.

[8] Baldwin R, Forslid R, Martin P, et al. Economic geography and public

Policy [M]. Princeton University Press, 2003.

[9] Barro R, Sala – I – Martin X. Technological diffusion, convergence, and growth [M]. NBER Working Papers 5151, National Bureau of Econoncic Research, Inc. , 1995.

[10] Becker R A, Henderson J V. Effects of air quality regulation on in polluting industries [J]. Social Science Electronic Publishing, 2011, 9 (8): 56-99.

[11] Becker R A. Local environmental regulation and plant – level productivity [J]. ECOL ECON, 2011, 33 (4): 891-919.

[12] Benoît, Laplante, et al. Environmental inspections and emissions of the pulp and paper industry in Quebec [J]. Journal of Environmental Economics & Management, 1996 (2): 19-36.

[13] Bitat A. Environmental regulation and eco-innovation: The porter hypothesis refined [J]. Eurasian Economic Review, 2018, 8 (3): 299-321.

[14] Botta E, Koluk T. Measuring environmental policy stringency in OECD countries [J]. OECD Economics Department Working Papers, 2014, 11 (81): 2381-2427.

[15] Bovenberg A L, De Mooij R A. Environmental levies and distortionary taxation [J]. The American Economic Review, 1994, 84 (4): 1085-1089.

[16] Broberg T, Marklund P O, Samakovlis E, et al. Testing the Porter hypothesis: The effects of environmental investments on efficiency in Swedish industry [J]. Journal of Productivity Analysis, 2013, 40 (1): 43-56.

[17] Brock W A, Taylor M S. Economic growth and the environment: A Review of Theory and Empirics [M]. Elsevier, 2005.

[18] Brunsdon C, Fotheringham A S, Charlton M E. Some notes on parametric significance test for geographically weighted regression [J]. Journal of Regional Science, 1999, 39 (3): 181-201.

[19] Bu M, Huo R. Does lax environmental regulations attract Chinese outward

foreign investment? Evidence from Micro-Data [J]. Frontiers of Economics & Globalization, 2017, 14: 181-198.

[20] Cai X, Lu Y, Wu M, et al. Does environmental regulation drive away in bound foreign direct investment? Evidence from a quasi-natural experiment in China [J]. Journal of Development Economics, 2016, 123: 73-85.

[21] Camarero M, Castillo J, Picazo-Tadeo A J, Tamarit C. Eco-efficiency and convergence in OECD countries [J]. Environmental and Resource Economics, 2013, 55 (1): 87-106.

[22] Chakraborty J, Green D. Australia's first national level quantitative environmental justice assessment of industrial air pollution [J]. Environmental Research Letters, 2014, 9 (4).

[23] Chen Y C, Chen D J, Tao L X, et al. A study on construction noise control of an EPC water environmental restoration project [J]. Journal of Engineering Management, 2019, 2 (11): 151-188.

[24] Chintrakarn P. Environmental regulation and US states' technical inefficiency [J]. Economics Letters, 2008, 100 (3): 363-365.

[25] Chung S. Environmental regulation and foreign direct investment: Evidence from South Korea [J]. Social Science Electronic Publishing, 2014, 108: 222-236.

[26] Cole M A, Elliott R J R. FDI and the capital intensity of "dirty" sectors: A missing piece of the pollution haven puzzle [J]. Review of Development Economics, 2005, 9 (4): 530-548.

[27] Cole M A. Does trade liberalization increase national energy use? [J]. Economics Letters, 2006, 92 (1): 108-112.

[28] Cole M A, Elliott R J R and Shimamoto K. Industrial characteristics, environmental regulations and air pollution: An analysis of the UK manufacturing sector [J]. Journal of Environmental Economics & Management, 2005, 50 (1): 121-143.

[29] Copeland B R, Taylor M S. Trade, growth, and the environment [J].

Journal of Economic Literature, 2004, 42 (1): 7-71.

[30] Costantini V, Crespi F. Environmental regulation and the export dynamics of energy technologies [J]. Ecological Economics, 2008, 66 (2): 447-460.

[31] Dagum C. Decomposition and interpretation of Gini and the generalized entropy inequality measures [J]. Statistica, 1997, 57 (3) 171-201.

[32] Dam L, Scholtens B. The curse of the haven: The impact of multinational enterprise on environmental regulation [J]. Ecological Economics, 2012, 78 (6): 148-156.

[33] Dean J M, Lovely M E, Wang H. Are foreign investors attracted to weak environmental regulations? Evaluating the evidence from China [J]. Journal of Development Economics, 2009, 90 (1): 1-13.

[34] Dechezlepretre A, Glachant M, Hascic I, et al. Invention and transfer of climate change mitigation technologies on a global scale: A study drawing on patent data [J]. Sustainable Development Papers, 2009, 5 (1): 109-130.

[35] Dixit A K, Stiglitz J E. Monopolistic competition and optimum product diversity [J]. American Economic Review, 1977, 67 (3): 297-308.

[36] Doern G B. The potential for frameworks to compare Canadian regulatory regimes versus US regimes: Utility for assessing the impact on investment decisions [J]. A Paper Prepared for Industry Canada, Ottawa, 2002, 6 (11): 416-433.

[37] Domazlicky B R, Weber W L. Does environmental protection lead to slower productivity growth in the chemical industry? [J]. Environmental and Resource Economics, 2004, 28 (3): 301-324.

[38] Ederington J, Minier J. Is environmental policy a secondary trade barrier? An empirical analysis [J]. Canadian Journal of Economics/Revue Canadienne d'Economique, 2000, 36 (1): 137-154.

[39] Elliott R, Zhou Y. Environmental regulation induced foreign direct investment [J]. Discussion Papers, 2013, 55 (1): 141-158.

[40] Ertur C, Koch W. Chapitre 3. Disparités régionales et interactions spatiales dans l'europe élargie [J]. Économie, Société, Région, 2006, 12 (6): 71-105.

[41] Fuenfgelt, Joachim, Schulze, et al. Endogenous environmental policy for small open economies with transboundary pollution [J]. Economic Modelling, 2016, 16 (9): 98-123.

[42] Getis A. A spatial causal model of economic interdependency among neighboring communities [J]. Environment & Planning A, 1989, 21 (1): 115-120.

[43] Gollop F M, Roberts M J. Environmental regulations and productivity growth: The case of fossil-fueled electric power generation [J]. Journal of Political Economy, 1983, 91 (4): 654-674.

[44] Gray W B, Shadbegian R J. Plant vintage, technology, and environmental regulation [J]. Journal of Environmental Economics & Management, 2003, 46 (2): 177-198.

[45] Gray P H. International economic problems and policies [J]. Physics of Fluids (1994-present), 1987, 19 (10): 363-371.

[46] Greenstone M. The impacts of environmental regulations on industrial activity: Evidence from the 1970 and 1977 clean air act amendments and the census of manufactures [J]. Journal of Political Economy, 2002, 18 (22): 281-301.

[47] Grossman G M, Krueger A B. Economic growth and the environment [J]. The Quarterly Journal of Economics, 1995, 1 (2): 21-55.

[48] Grossman G M, Krueger A B. Environmental impacts of a North American Free Trade Agreement [J]. CEPR Discussion Papers, 1992, 8 (2): 223-250.

[49] Gse A, Aeh B. Moving to greener pastures? Multinationals and the pollution haven hypothesis [J]. Journal of Development Economics, 2003, 70 (1): 1-23.

[50] Haites E, Yamin F. The clean development mechanism: Proposals for its operation and governance [J]. Global Environmental Chang, 2000, 10 (1): 27-45.

[51] Halkos G E. Environmental Kuznets Curve for sulfur: evidence using GMM

estimation and random coefficient panel data models [J]. Environment & Development Economics, 2003, 8 (4): 581-601.

[52] Hamamoto M. Environmental regulation and the productivity of Japanese manufacturing industries [J]. Resource & Energy Economics, 2006, 28 (4): 299-312.

[53] Hancevic I P. Environmental regulation and productivity: The case of electricity generation under the CAAA-1990 [J]. Energy Economics, 2016, 60: 131-143.

[54] He C, Huang Z, Ye X. Spatial heterogeneity of economic development and industrial pollution in urban China [J]. Stochastic Environmental Research & Risk Assessment, 2014, 28 (4): 767-781.

[55] Hettige H, Mani M, et al. Industrial pollution in economic development: The environmental Kuznets curve revisited [J]. Journal of Development Economics, 2000, 11 (3): 98-120.

[56] Henderson J V. Effect of air quality regulation [J]. The American Economic Review, 1996, 86 (4): 789-813.

[57] Hepbasli A, Ozalp N. Development of energy efficiency and management implementation in the Turkish industrial sector [J]. Energy Conversion & Management, 2003, 44 (2): 231-249.

[58] Her F, Marshall F A, Bridgewater J A, et al. Docetaxel versus active symptom control for relapsed esophagogastric adenocarcinoma [J]. The Lancet Oncology, 2014, 15 (1): 78-86.

[59] Hoffmann R, Lee C G, Ramasamy B, et al. FDI and pollution: A granger causality test using panel data [J]. Journal of International Development, 2005, 17 (3): 311-317.

[60] Huang B, Wu B, Barry M. Geographically and temporally weighted regression for modeling spatio-temporal variation in house prices [J]. International Journal of Geographical Information Science, 2010, 24 (3-4): 383-401.

[61] Jacobson M Z, Oppenheimer M. Atmospheric pollution: History, science,

and regulation [J]. Physics Today, 2003, 56 (10): 65-66.

[62] Jaffe A B, Palmer K. Environmental regulation and innovation: A panel data study [J]. Review of Economics and Statistics, 1997, 79 (4): 610-619.

[63] Jeong H, Jin Y C, Ra K. Assessment of Metal Pollution of Road-Deposited Sediments and Marine Sediments Around Gwangyang Bay, Korea [C] // Symposium on Experimental and Efficient Algorithms. The Korean Society of Oceanography, 2020, 14 (1): 21-38.

[64] Johnson H, Johnson J M, Gour-Tanguay R, et al. Environmental policies in developing countries [J]. Verfassung in Recht und Ubersee, 1981, 14 (1): 102-109.

[65] Kathuria V. Informal regulation of pollution in a developing country: Evidence from India [J]. Ecological Economics, 2007, 63 (1): 621-650.

[66] Kathuria V. Does environmental governance matter for foreign direct investment? Testing the pollution haven hypothesis for Indian States [J]. Asian Development Review, 2018, 35 (1): 81-107.

[67] Kolak M, Anselin L. A spatial perspective on the econometrics of program evaluation [J]. International Regional Science Review, 2020, 43 (1/2): 128-153.

[68] Kolstad C D, Xing Y. Do lax environmental regulations attract foreign investment? [J]. University of California at Santa Barbara Economics Working Paper, 2002, 21 (1): 1-22.

[69] Krugman P. Geography and Trade [M]. The MIT Press, 1991.

[70] Kuznets S. Economic growth and income equality [J]. American Economic Review, 1955, 45 (1): 1-28.

[71] Lai Y B, Hu C-H. Trade agreements, domestic environmental regulation, and transboundary pollution [J]. Resource and Energy Economics, 2008, 30 (2): 209-228.

[72] Lan J, Kakinaka M, et al. Foreign direct investment, human capital and

environmental pollution in China [J]. Environmental and Resource Economics, 2012, 51 (2): 255-275.

[73] Langpap C, Shimshack J P. Private citizen suits and public enforcement: Substitutes or complements? [J]. Journal of Environmental Economics & Management, 2010, 59 (3): 235-249.

[74] Lanoie P, Lajeunesse P R. Environmental regulation and productivity: Testing the porter hypothesis [J]. Journal of Productivity Analysis, 2008, 30 (2): 121-128.

[75] Lanoie P, Jérémy Laurentmmucchetti, Johnstone N, et al. Environmental policy, innovation and performance: New insights on the porter hypothesis [J]. Journal of Economics & Management Strategy, 2011, 20 (3): 803-842.

[76] Lee D R, Misiolek W S. Substituting pollution taxation for general taxation: Some implications for efficiency in pollutions taxation [J]. Journal of Environmental Economics and Management, 1986, 13 (4): 338-347.

[77] Lefever D W. Measuring geographic concentration by means of the standard deviational ellipse [J]. American Journal of Sociology, 1926, 32 (1): 88-94.

[78] Levinson A, Taylor M S. Unmasking the pollution haven effect [J]. Social Science Electronic Publishing, 2008, 49 (1): 232-254.

[79] Levinson A. Environmental regulations and manufacturers' location choices: Evidence from the census of manufactures [J]. Journal of Public Economics, 1996, 62 (1): 5-29.

[80] Levinson R D, Du Z, Luo L, et al. Combination of KIR and HLA gene variants augments the risk of developing birdshot chorioretinopathy in HLA-A29-positive individuals [J]. Genes & Immunity, 2008, 9 (3): 249-258.

[81] Liao X, Shi X R. Public appeal, environmental regulation and green investment: Evidence from China [J]. Energy Policy, 2018, 119 (1): 554-562.

[82] List J A, Co C Y. The effects of environmental regulations on foreign direct

investment [J]. Journal of Environmental Economics and Management, 2000, 40 (1): 1–20.

[83] List J A, Gallet C A. The environmental Kuznets curve: Does one size fit all? [J]. Natural Field Experiments, 1999, 31 (3): 409–423.

[84] List G R, Adlof R O, Carrierre C J, et al. Melting properties of some structured lipids native to high stearic acid soybean oil [J]. Grasas Y Aceites, 2004, 55 (2): 135–137.

[85] Liu A, Gu X. Environmental regulation, rechnological progress and corporate profit: Empirical research based on the threshold panel regression [J]. Sustainability, 2020, 12 (4): 1416.

[86] Liu X, Sun T, Feng Q. Dynamic spatial spillover effect of urbanization on environmental pollution in China considering the inertia characteristics of environmental pollution [J]. Sustainable Cities and Society, 2019, 53.

[87] M Cole, R Elliott and S Wu. Industrial activity and the environment in China: An industry – level analysis [J]. China Economic Review, 2008, 19 (3): 393–408.

[88] Markandya A, Golub A, Pedroso-Galinato S. Empirical analysis of national income and SO_2 emissions in selected European countries [J]. Environmental and Resource Economics, 2006, 35 (3): 221–257.

[89] Martin P, Rogers C A. Industrial location and public infrastructure [J]. Journal of International Economics, 1995, 39 (3–4): 335–351.

[90] McConnell V D, Schwab R M. The impact of environmental regulation on industry location decisions: The motor vehicle industry [J]. Land Economics, 1990, 66 (1): 67–81.

[91] Millimet D L, List J A and Stengos T. The environmental Kuznets curve: Real progress or mis-specified models? [J]. The Review of Economics and Statistics, 2003, 85 (1): 289–321.

[92] Mirza D, Jug J. Environmental regulations in gravity equations: Evidence from Europe [J]. The World Economy, 2005, 28 (11): 1591-1615.

[93] Mody A, Roy S, Wheeler D, Dasgupta S. Environmental regulation and development: A cross-country empirical analysis [R]. Policy Research Working Paper Series, 1995.

[94] Muhammad S, Muhammad Z and Talat A. Is energy consumption effective to spur economic growth in Pakistan? New evidence from bounds test to level relationships and Granger causality tests [J]. Economic Modelling, 2012, 29 (6): 2310-2319.

[95] Munson E, Pfaller M, Koontz F, et al. Comparison of porphyrin-based, growth factor-based, and biochemical-based testing methods for identification of haemophilus influenzae [J]. European Journal of Clinical Microbiology & Infectious Diseases, 2002, 21 (3): 196-203.

[96] Natalia G V, Michael B S, Lyudmila V S, et al. Fuzzy-logic analysis of the state of the atmosphere in large cities of the industrial region on the example of Rostov region [J]. International Conference on Theory and Application of Fuzzy Systems and Soft Computing, 2019, 1 (1): 709-715.

[97] Nugroho F S. Monitoring mangrove forest cover using PALSAR/PALSAR-2 mosaic imagery, and google earth engine algorithm for entire mahakam delta indonesia [C] // Seminar Nasional Geomatika 2020, 2020.

[98] Otsuki T, Wilson J, Sewadeh M. A race to the top? A case study of food safety standards and African exports [J]. Policy Research Working Paper, 2001, 24 (9): 197-221.

[99] Palmer K, Portney O. Tightening environmental standards: The benefit-cost or the no-cost paradigm? [J]. Journal of Economic Perspectives, 1995, 9 (4): 119-132.

[100] Pargal, Sheoli, Mani, et al. Citizen activism, environmental regulation, and the location of industrial plants: Evidence from India [J]. Economic Development &

Cultural Change, 2000, 48 (4).

[101] Peng S, Zhang W and Sun C. "Environmental load displacement" from the North to the South: A consumption-based perspective with a focus on China [J]. Ecological Economics, 2016, 128 (8): 147-158.

[102] Pitt J I, Taniwaki M H and Cole M B. Mycotoxin production in major crops as influenced by growing, harvesting, storage and processing, with emphasis on the achievement of Food Safety Objectives [J]. Food Control, 2013, 32 (1): 205-215.

[103] Poon J P H, Casas I, He C. The impact of energy, transport, and trade on air pollution in China [J]. Eurasian Geography & Economics, 2006, 47 (5): 568-584.

[104] Porter M E, Linde C. Towards a new conception of the environment-competitiveness relationship [J]. Journal of Economic Perspectives, 1995, 4 (4): 97-118.

[105] Purohit P, Michaelowa A. CDM potential of SPV lighting systems in India [J]. Mitigation and Adaptation Strategies for Global Change, 2008, 13 (1): 23-46.

[106] Singh V, Joshi G C, Bisht D. АНАЛИЗ МЕТОДОМ ЭНЕРГОДИСПЕР СИОННОЙ РЕНТГЕНОВСКОЙ ФЛУОРЕСЦЕНЦИИ ПОЧВЫ ВБЛИЗИ ПРОМ ЫШЛЕННЫХ ЗОН И ОЦЕНКА ЗАГРЯЗНЕНИЯ ТЯЖЕЛЫМИ МЕТАЛЛАМИ [J]. Журнал прикладной спектроскопии, 2017, 84 (2): 289-294.

[107] Solow R M. A contribution to the theory of economic growth [J]. Quarterly Journal of Economics, 1956 (1): 65-94.

[108] Song Chuangye, Liu Gaohuan. Application of remote sensing detection and GIS in analysis of vegetation pattern dynamics in the Yellow River delta [J]. Chinese Journal of Population, Resources and Environment, 2008, 2 (12): 64-71.

[109] Stern D I, Common M S. Is there an environmental Kuznets curve for sulfur? [J]. Journal of Environmental Economics and Management, 2001, 41 (2): 162-178.

[110] Talen E, Anselin L. Assessing spatial equity: An evaluation of measures of accessibility to public playgrounds [J]. Environment & Planning A, 1998, 30 (4): 595-613.

[111] Taylo M S, Copeland B R. North-south trade and the environment [J]. Quarterly Journal, 1994, 109 (3): 755-787.

[112] Taylor M S, Copeland B R. Trade and the environment: A partial synthesis [J]. American Journal of Agricultural Economics, 1995, 77 (3): 765-771.

[113] Tietenberg T. Disclosure strategies for pollution control [J]. Environmental & Resource Economics, 1998, 11 (3-4): 587-602.

[114] Tobey J A. The effects of domestic environmental policies on patterns of world trade: An empirical test [J]. Kyklos, 1990, 43 (2): 191-209.

[115] Tobler W R. A computer model simulation of urban growth in the Detroit region [J]. Economic Geography, 1970, 79 (4) 387-404.

[116] Tong F, Hd A, Zl A, et al. Spatial spillover effects of environmental regulations on air pollution: Evidence from urban agglomerations in China [J]. Journal of Environmental Management, 2020, 272 (2): 98-108.

[117] Ve A, Ct B. Threshold cointegration and nonlinear adjustment between CO_2 and income: The environmental Kuznets Curve in Spain, 1857-2007—Science direct [J]. Energy Economics, 2012, 34 (6): 2148-2156.

[118] Wagner U J, Timmins C D. Agglomeration effects in foreign direct investment and the pollution haven hypothesis [J]. Environmental and Resource Economics, 2009, 43 (2): 231-256.

[119] Waldkirch A, Gopinath M. Pollution control and foreign direct investment in Mexico: An industry-level analysis [J]. Environmental and Resource Economics, 2008, 41 (3): 289-313.

[120] Wang C, Wu J J, Zhang B. Environmental regulation, emissions and productivity: Evidence from Chinese COD-emitting manufacturers [J]. Journal of Envi-

ronmental Economics and Management, 2018, 92 (11): 54-73.

[121] Wang J, Li X, Christakos G, et al. Geographical detectors-based health risk assessment and its application in the neural tube defects study of the Heshun Region, China [J]. International Journal of Geographical Information Science, 2010, 24 (12): 107-127.

[122] Wang J F, Hu Y. Environmental health risk detection with Geog Detector [J]. Environmental Modelling & Software, 2012, 33 (3): 114-115.

[123] Wang S, Chen G and Han X. An analysis of the impact of the emissions trading system on the green total factor productivity based on the spatial difference-in-differences approach: The case of China [J]. International Journal of Environmental Research and Public Health, 2021, 18 (17): 9040.

[124] Wang Y, Sun X and Guo X. Environmental regulation and green productivity growth: Empirical evidence on the Porter Hypothesis from OECD industrial sectors [J]. Energy Policy, 2019, 132 (9): 611-619.

[125] Weiss J, Stephan A and Anisimova T. Well-designed environmental regulation and firm performance: Swedish evidence on the Porter Hypothesis and the effect of regulatory time strategies [J]. Journal of Environmental Planning and Management, 2018, 62 (2): 342-363.

[126] Wheeler D, Pargal S. Informal regulation of industrial pollution in developing countries: Evidence from Indonesia [J]. Social Science Electronic Publishing, 2016, 15 (7): 56-83.

[127] Xiao Z. An empirical test of the pollution haven hypothesis for China: Intra-host country analysis [J]. Nankai Business Review International, 2015, 6 (2): 177-198.

[128] Xing Y, Kolstad C D. Do lax environmental regulations attract foreign investment? [J]. Environmental and Resource Economics, 2002, 21 (1): 1-22.

[129] Yan Y, Zhang X, Zhang J, et al. Emissions trading system (ETS) im-

plementation and its collaborative governance effects on air pollution: The China story [J]. Energy Policy, 2020, 138: 111282.

[130] Yang X, Zhang J, Ren S, et al. Can the new energy demonstration city policy reduce environmental pollution? Evidence from a quasi-natural experiment in China [J]. Journal of Cleaner Production, 2021, 287: 125015.

[131] Yin J, Zheng M and Jian C. The effects of environmental regulation and technical progress on CO_2 Kuznets curve: An evidence from China [J]. Energy Policy, 2015, 77 (2): 97-108.

[132] Yu Y, Zhang N. Low-carbon city pilot and carbon emission efficiency: Quasi-experimental evidence from China [J]. Energy Economics, 2021, 96:105125.

[133] Zeng D Z, Zhao L. Pollution havens and industrial agglomeration [J]. Journal of Environmental Economics & Management, 2009, 58 (2): 141-153.

[134] Zhang P. End-of-pipe or process-integrated: Evidence from LMDI decomposition of China's SO_2 emission density reduction [J]. Frontiers of Environmental Science & Engineering, 2013, 7 (6): 1-8.

[135] Zhang X M, Lu F F, Xue D. Does China's carbon emission trading policy improve regional energy efficiency? —An analysis based on quasi-experimental and policy spillover effects [J]. Environmental Science and Pollution Research, 2022, 29 (4): 21166-21183.

[136] Zhang Y, Jin P and Feng D. Does civil environmental protection force the growth of China's industrial green productivity? Evidence from the perspective of rent-seeking [J]. Ecological Indicators, 2015, 51: 215-227.

[137] Zhen C A, Mc A and Ning N. A smart city is a less polluted city [J]. Technological Forecasting and Social Change, 2021, 172 (1): 2712-2733.

[138] Zhou Y, Jiang J, Ye B, et al. Green spillovers of outward foreign direct investment on home countries: Evidence from China's province-level data [J]. Journal of Cleaner Production, 2019, 215 (1): 829-844.

［139］Zhu L, Yong G, Lindner S, et al. Uncovering China's greenhouse gas emission from regional and sectoral perspectives ［J］. Energy, 2012, 45 (1)：1059-1068.

［140］Сулейманов И Ф, Маврин Г В, Харлямов Д А. Расчет загрязнения воздушного бассейна города промышленными предприятиями и автотранспортом ［J］. Экология промышленного производства, 2011 (3)：14-18.

［141］安虎森. 新经济地理学原理 ［M］. 经济科学出版社, 2009.

［142］蔡乌赶, 李青青. 环境规制对企业生态技术创新的双重影响研究 ［J］. 科研管理, 2019, 40 (10)：87-95.

［143］蔡乌赶, 周小亮. 中国环境规制对绿色全要素生产率的双重效应 ［J］. 经济学家, 2017 (9)：27-35.

［144］陈德敏, 张瑞. 环境规制对中国全要素能源效率的影响——基于省际面板数据的实证检验 ［J］. 经济科学, 2012 (4)：17.

［145］陈东景, 孙兆旭, 郭继文. 中国工业用水强度收敛性的门槛效应分析 ［J］. 干旱区资源与环境, 2020, 34 (5)：85-92.

［146］陈诗一, 陈登科. 雾霾污染、政府治理与经济高质量发展 ［J］. 经济研究, 2018, 53 (2)：20-34.

［147］陈友华, 施旖旎. 雾霾与人口迁移——对社会阶层结构影响的探讨 ［J］. 探索与争鸣, 2017 (4)：76-80+88.

［148］陈祖海, 雷朱家华. 中国环境污染变动的时空特征及其经济驱动因素 ［J］. 地理研究, 2015, 34 (11)：2165-2178.

［149］程都, 李钢. 环境规制强度测算的现状及趋势 ［J］. 经济与管理研究, 2017, 38 (8)：75-85.

［150］程都, 李钢. 我国环境规制对经济发展影响的分析——基于《中国经济学人》的调查数据 ［J］. 河北大学学报 (哲学社会科学版), 2017, 42 (5)：96-108.

［151］程磊磊, 尹昌斌, 米健. 无锡市工业 SO_2 污染变化的空间特征及影响

因素的分解分析 [J]. 中国人口·资源与环境, 2008 (5): 128-132.

[152] 董敏杰, 李钢, 梁泳梅. 中国工业环境全要素生产率的来源分解——基于要素投入与污染治理的分析 [J]. 数量经济技术经济研究, 2012, 29 (2): 3-20.

[153] 董宪军. 生态城市研究 [D]. 中国社会科学院研究生院博士学位论文, 2000.

[154] 董直庆, 王辉. 环境规制的 "本地—邻地" 绿色技术进步效应 [J]. 中国工业经济, 2019 (1): 100-118.

[155] 杜雯翠. 中国工业 COD 全过程管理效果检验——来自 LMDI 的分解结果 [J]. 中国软科学, 2013 (7): 77-85.

[156] 傅京燕, 李丽莎. 环境规制、要素禀赋与产业国际竞争力的实证研究——基于中国制造业的面板数据 [J]. 管理世界, 2010 (10): 12.

[157] 傅京燕, 李丽莎. FDI、环境规制与污染避难所效应——基于中国省级数据的经验分析 [J]. 公共管理学报, 2010, 7 (3): 65-74+125-126.

[158] 傅京燕. 环境规制、要素禀赋与中国贸易模式的实证分析 [J]. 中国人口·资源与环境, 2008 (6): 51-55.

[159] 高志刚, 尤济红. 环境规制强度与中国全要素能源效率研究 [J]. 经济社会体制比较, 2015 (6): 13.

[160] 耿强, 杨蔚. 中国工业污染的区域差异及其影响因素——基于省级面板数据的 GMM 实证分析 [J]. 中国地质大学学报 (社会科学版), 2010, 10 (5): 12-16.

[161] 龚健健, 沈可挺. 中国高耗能产业及其环境污染的区域分布——基于省际动态面板数据的分析 [J]. 数量经济技术经济研究, 2011 (2): 21-37+52.

[162] 郭进. 环境规制对绿色技术创新的影响——"波特效应" 的中国证据 [J]. 财贸经济, 2019, 40 (3): 147-160.

[163] 韩先锋, 惠宁, 宋文飞. OFDI 逆向创新溢出效应提升的新视角——

基于环境规制的实证检验［J］.国际贸易问题，2018（4）：103-116.

［164］何爱平，安梦天.地方政府竞争、环境规制与绿色发展效率［J］.中国人口·资源与环境，2019，29（3）：21-30.

［165］贺丹，赵玉林.产业结构变动对生态效益影响的实证分析［J］.武汉理工大学学报（社会科学版），2012，25（5）：694-698.

［166］胡剑波，闫烁，王蕾.中国出口贸易隐含碳排放效率及其收敛性［J］.中国人口·资源与环境，2020，30（12）：95-104.

［167］胡志强，苗健铭，苗长虹.中国地市尺度工业污染的集聚特征与影响因素［J］.地理研究，2016，35（8）：1470-1482.

［168］黄菁.环境污染与经济可持续发展的关系及影响机制研究［D］.湖南大学博士学位论文，2010.

［169］黄清煌，高明.环境规制的节能减排效应研究——基于面板分位数的经验分析［J］.科学学与科学技术管理，2017，38（1）：14.

［170］黄庆华，胡江峰，陈习定.环境规制与绿色全要素生产率：两难还是双赢？［J］.中国人口·资源与环境，2018，28（11）：10+140-149.

［171］蒋海舲.绿色发展背景下中国工业用地利用效率时空特征及影响因素研究［D］.江西财经大学，2021.

［172］解鸥.中国对外贸易中的污染转移：现状分析与对策研究［D］.中国海洋大学硕士学位论文，2008.

［173］金刚，沈坤荣.以邻为壑还是以邻为伴？——环境规制执行互动与城市生产率增长［J］.管理世界，2018，34（12）：43-55.

［174］金培振.中国环境治理中的多元主体交互影响机制及实证研究［D］.湖南大学博士学位论文，2015.

［175］景维民，张璐.环境管制、对外开放与中国工业的绿色技术进步［J］.经济研究，2014，49（9）：34-47.

［176］孔令丞，李慧.环境规制下的区域污染产业转移特征研究［J］.当代经济管理，2017，39（5）：57-64.

［177］兰宗敏，关天嘉．完善中国区域环境规制的思考与建议［J］．学习与探索，2016（2）：85-91.

［178］黎文靖，郑曼妮．空气污染的治理机制及其作用效果——来自地级市的经验数据［J］．中国工业经济，2016（4）：93-109.

［179］李钢，李颖．环境规制强度测度理论与实证进展［J］．经济管理，2012，34（12）：154-165.

［180］李钢，刘鹏．钢铁行业环境管制标准提升对企业行为与环境绩效的影响［J］．中国人口·资源与环境，2015，25（12）：8-14.

［181］李虹，邹庆．环境规制、资源禀赋与城市产业转型研究——基于资源型城市与非资源型城市的对比分析［J］．经济研究，2018，53（11）：17.

［182］李佳佳，罗能生．中国区域环境效率的收敛性、空间溢出及成因分析［J］．软科学，2016，30（8）：1-5.

［183］李建豹，黄贤金，吴常艳，等．中国省域碳排放影响因素的空间异质性分析［J］．经济地理，2015，35（11）：21-28.

［184］李金凯，程立燕，张同斌．外商直接投资是否具有"污染光环"效应？［J］．中国人口·资源与环境，2017，27（10）：74-83.

［185］李玲，陶锋．中国制造业最优环境规制强度的选择——基于绿色全要素生产率的视角［J］．中国工业经济，2012（5）：13.

［186］李平，慕绣如．波特假说的滞后性和最优环境规制强度分析——基于系统 GMM 及门槛效果的检验［J］．产业经济研究，2013（4）：9.

［187］李实．黄河流域工业污染的时空格局和影响因素研究［D］．兰州大学硕士学位论文，2021.

［188］李顺毅，王双进．产业集聚对中国工业污染排放影响的实证检验［J］．统计与决策，2014（8）：128-130.

［189］李小平，李小克．中国工业环境规制强度的行业差异及收敛性研究［J］．中国人口·资源与环境，2017，27（10）：1-9.

［190］李小永．环境规制对中国对外直接投资影响研究［D］．对外经济贸

易大学博士学位论文，2020.

　　[191] 李心怡. 工业绿色发展视角下环境规制的空间效应研究 [D]. 北京科技大学博士学位论文，2021.

　　[192] 李亚冬，宋丽颖. 中国碳生产率的收敛机制研究：理论和实证检验 [J]. 科学学与科学技术管理，2017，38（3）：117-125.

　　[193] 李永友，沈坤荣. 中国污染控制政策的减排效果——基于省际工业污染数据的实证分析 [J]. 管理世界，2008（7）：7-17.

　　[194] 李玉红. 中国工业污染的空间分布与治理研究 [J]. 经济学家，2018，9（9）：59-65.

　　[195] 李泽众，沈开艳. 环境规制对中国新型城镇化水平的空间溢出效应研究 [J]. 上海经济研究，2019（2）：21-32.

　　[196] 林季红，刘莹. 内生的环境规制："污染天堂假说"在中国的再检验 [J]. 中国人口·资源与环境，2013，23（1）：13-18.

　　[197] 林毅夫，刘明兴. 中国的经济增长收敛与收入分配 [J]. 世界经济，2003（8）：3-14+80.

　　[198] 刘满凤，陈华脉，徐野. 环境规制对工业污染空间溢出的效应研究——来自全国285个城市的经验证据 [J]. 经济地理，2021，41（2）：194-202.

　　[199] 刘胜，顾乃华. 行政垄断、生产性服务业集聚与城市工业污染——来自260个地级及以上城市的经验证据 [J]. 财经研究，2015，41（11）：13.

　　[200] 刘素霞. 环境规制约束下工业集聚对环境污染影响研究 [D]. 南京理工大学博士学位论文，2019.

　　[201] 刘悦，周默涵. 环境规制是否会妨碍企业竞争力：基于异质性企业的理论分析 [J]. 世界经济，2018，41（4）：150-167.

　　[202] 刘照德，丁洁花. 中国工业污染分布状况研究 [J]. 数学的实践与认识，2009，39（1）：99-104.

　　[203] 陆翱翔，陆春燕，刘影. 基于PSR模型的江西省工业污染评价 [J].

太原师范学院学报（自然科学版），2007（4）：99-102.

［204］陆铭，冯皓．集聚与减排：城市规模差距影响工业污染强度的经验研究［J］．世界经济，2014（7）：29.

［205］陆旸．环境规制影响了污染密集型商品的贸易比较优势吗？［J］．经济研究，2009，44（4）：28-40.

［206］马丽．基于 LMDI 的中国工业污染排放变化影响因素分析［J］．地理研究，2016，35（10）：1857-1868.

［207］马丽梅，张晓．中国雾霾污染的空间效应及经济、能源结构影响［J］．中国工业经济，2014（4）：19-31.

［208］聂飞，刘海云．FDI、环境污染与经济增长的相关性研究——基于动态联立方程模型的实证检验［J］．国际贸易问题，2015（2）：72-83.

［209］彭星，李斌．不同类型环境规制下中国工业绿色转型问题研究［J］．财经研究，2016，42（7）：134-144.

［210］屈小娥．1990-2009 年中国省际环境污染综合评价［J］．中国人口·资源与环境，2012，22（5）：158-163.

［211］屈小娥．异质型环境规制影响雾霾污染的双重效应［J］．当代经济科学，2018，40（6）：26-37+127.

［212］任嘉敏，马延吉．东北地区工业污染时空格局演变研究［J］．环境科学学报，2018，38（5）：423-433.

［213］单瑞峰，孙小银．环境污染区域差异及其影响因素灰色关联法分析——以山东省为例［J］．环境科学与管理，2008，33（10）：5-9.

［214］申晨，李胜兰，代丹丹．中国省际工业环境效率区域差异及动态演进［J］．统计与决策，2017（1）：121-126.

［215］沈国兵，张鑫．开放程度和经济增长对中国省级工业污染排放的影响［J］．世界经济，2015，38（4）：99-125.

［216］沈坤荣，金刚，方娴．环境规制引起了污染就近转移吗？［J］．经济研究，2017，52（5）：44-59.

［217］盛斌，吕越，Lin Hong. 外国直接投资对中国环境的影响——来自工业行业面板数据的实证研究（英文）［J］. Social Sciences in China, 2012, 33（4）：89-107.

［218］盛丹，张国峰. 两控区环境管制与企业全要素生产率增长［J］. 管理世界，2019, 35（2）：24-42.

［219］师博，张良悦. 中国区域能源效率收敛性分析［J］. 当代财经，2008（2）：17-21.

［220］石庆玲，郭峰，陈诗一. 雾霾治理中的"政治性蓝天"——来自中国地方"两会"的证据［J］. 中国工业经济，2016（5）：40-56.

［221］宋成镇，陈延斌，侯毅鸣，唐永超，刘曰庆. 中国城市工业集聚与污染排放空间关联性及其影响因素［J］. 济南大学学报（自然科学版），2021, 35（5）：452-461.

［222］孙鳌. 治理环境外部性的政策工具［J］. 云南社会科学，2009（5）：94-97.

［223］陶静，胡雪萍. 环境规制对中国经济增长质量的影响研究［J］. 中国人口·资源与环境，2019, 29（6）：85-96.

［224］田光辉，苗长虹，胡志强，苗健铭. 环境规制、地方保护与中国污染密集型产业布局［J］. 地理学报，2018, 73（10）：1954-1969.

［225］田时中，赵鹏大. 西北六省工业污染动态综合评价及影响因素分析［J］. 干旱区资源与环境，2017, 31（7）：1-7.

［226］童健，刘伟，薛景. 环境规制、要素投入结构与工业行业转型升级［J］. 经济研究，2016, 51（7）：15+43-57.

［227］万丽. 基于变异函数的空间异质性定量分析［J］. 统计与决策，2006（4）：26-27.

［228］王兵，肖文伟. 环境规制与中国外商直接投资变化——基于 DEA 多重分解的实证研究［J］. 金融研究，2019（2）：59-77.

［229］王海建. 经济结构变动对环境污染物排放的影响分析［J］. 中国人

口·资源与环境，1999（3）：32-35.

［230］王杰，刘斌．环境规制与企业全要素生产率——基于中国工业企业数据的经验分析［J］．中国工业经济，2014（3）：44-56.

［231］王劲峰，徐成东．地理探测器：原理与展望［J］．地理学报，2017，72（1）：116-134.

［232］王奇，汪清．外资与内资对中国污染排放影响的比较研究——基于省级面板数据的实证分析［J］．世界经济研究，2013（2）：61-67.

［233］王晓硕，宇超逸．空间集聚对中国工业污染排放强度的影响［J］．中国环境科学，2017，37（4）：1562-1570.

［234］王询，张为杰．环境规制、产业结构与中国工业污染的区域差异——基于东、中、西部 Panel Data 的经验研究［J］．财经问题研究，2011（11）：23-30.

［235］王艳丽，钟奥．地方政府竞争、环境规制与高耗能产业转移——基于"逐底竞争"和"污染避难所"假说的联合检验［J］．山西财经大学学报，2016，38（8）：46-54.

［236］王怡，茶洪旺．京津冀的环境效率及其收敛性分析［J］．城市问题，2016（4）：18-24.

［237］王竹君．异质型环境规制对我国绿色经济效率的影响研究［D］．西北大学博士学位论文，2019.

［238］王梓慕，高明，黄清煌，郜镁滨．环境政策、环保投资与公众参与对工业废气减排影响的实证研究［J］．生态经济，2017，33（6）：172-177.

［239］温怀德．中国经济开放与环境污染的关系研究［D］．浙江工业大学博士学位论文，2012.

［240］伍格致，游达明．环境规制对技术创新与绿色全要素生产率的影响机制：基于财政分权的调节作用［J］．管理工程学报，2019，33（1）：37-50.

［241］席鹏辉，梁若冰，谢贞发．税收分成调整、财政压力与工业污染［J］．世界经济，2017，40（10）：170-192.

［242］夏勇，钟茂初．经济发展与环境污染脱钩理论及 EKC 假说的关系——兼论中国地级城市的脱钩划分［J］．中国人口·资源与环境，2016，26（10）：8-16.

［243］修国义，朱悦，王俭．产业集聚、人口规模与雾霾污染：基于省际面板数据的实证［J］．统计与决策，2020，36（7）：61-65.

［244］徐开军，原毅军．环境规制与产业结构调整的实证研究——基于不同污染物治理视角下的系统 GMM 估计［J］．工业技术经济，2014，33（12）：9.

［245］徐盈之，杨英超．环境规制对中国碳减排的作用效果和路径研究——基于脉冲响应函数的分析［J］．软科学，2015，29（4）：5.

［246］徐圆．源于社会压力的非正式性环境规制是否约束了中国的工业污染？［J］．财贸研究，2014，25（2）：7-15.

［247］徐志伟，刘晨诗．环境规制的"灰边"效应［J］．财贸经济，2020，41（1）：145-160.

［248］许和连，邓玉萍．外商直接投资导致了中国的环境污染吗？——基于中国省际面板数据的空间计量研究［J］．管理世界，2012（2）：30-43.

［249］薛伟贤，刘静．环境规制及其在中国的评估［J］．中国人口·资源与环境，2010，20（9）：8.

［250］杨杰，卢进勇．外商直接投资对环境影响的门槛效应分析——基于中国 247 个城市的面板数据研究［J］．世界经济研究，2014（8）：6.

［251］杨桐彬，朱英明，王念，周波．长三角城市生态效率的地区差异与空间收敛［J］．华东经济管理，2020，34（7）：28-35.

［252］杨晓兰，张安全．经济增长与环境恶化——基于地级城市的经验分析［J］．财贸经济，2014（1）：125-134.

［253］尹希果，陈刚，付翔．环保投资运行效率的评价与实证研究［J］．当代财经，2005（7）：89-92.

［254］应瑞瑶，周力．外商直接投资、工业污染与环境规制——基于中国数据的计量经济学分析［J］．财贸经济，2006（1）：76-81.

［255］余东华，胡亚男．环境规制趋紧阻碍中国制造业创新能力提升吗？——基于"波特假说"的再检验［J］.产业经济研究，2016（2）：11-20.

［256］余东华，孙婷．环境规制、技能溢价与制造业国际竞争力［J］.中国工业经济，2017（5）：35-53.

［257］余伟，陈强，陈华．环境规制、技术创新与经营绩效——基于37个工业行业的实证分析［J］.科研管理，2017，38（2）：8.

［258］余长林，高宏建．环境管制对中国环境污染的影响——基于隐性经济的视角［J］.中国工业经济，2015，1（7）：21-35.

［259］袁晓玲，石时，李彩娟．环境规制能够促进创新能力提升吗？［J］.统计与信息论坛，2021，36（10）：9.

［260］原毅军，谢荣辉．环境规制的产业结构调整效应研究——基于中国省际面板数据的实证检验［J］.中国工业经济，2014（8）：13.

［261］原毅军，刘柳．环境规制与经济增长：基于经济投资型规制分类的研究［J］.经济评论，2013（1）：27-33.

［262］原毅军，谢荣辉．环境规制的产业结构调整效应研究［J］.中国工业经济，2014（8）：57-69.

［263］原毅军，谢荣辉．环境规制与工业绿色生产率增长——对"强波特假说"的再检验［J］.中国软科学，2016（7）：144-154.

［264］臧传琴，张菡．环境规制技术创新效应的空间差异——基于2000—2013年中国面板数据的实证分析［J］.宏观经济研究，2015（11）：13.

［265］张彩云．中国环境规制与污染转移研究［M］.经济科学出版社，2018：106-108.

［266］张成，陆旸，郭路，于同申．环境规制强度和生产技术进步［J］.经济研究，2011，46（2）：113-124.

［267］张国凤．中国环境规制对环境污染的影响研究［D］.西北大学博士学位论文，2020.

［268］张华，魏晓平．绿色悖论抑或倒逼减排——环境规制对碳排放影响的

双重效应［J］. 中国人口·资源与环境，2014，24（9）：21-29.

［269］张克森. 隐性环境规制与节能减排的关系研究——以中国东部地区 2005—2016 年 95 城市面板数据为例［J］. 重庆社会科学，2019（10）：80-91.

［270］张平，张鹏鹏，蔡国庆. 不同类型环境规制对企业技术创新影响比较研究［J］. 中国人口·资源与环境，2016，26（4）：8-13.

［271］张宇，蒋殿春. FDI、政府监管与中国水污染——基于产业结构与技术进步分解指标的实证检验［J］. 经济学（季刊），2014（1）：24.

［272］赵红. 环境规制对中国产业技术创新的影响［J］. 经济管理，2007（21）：57-61.

［273］赵文佳. 中国绿色发展效率影响因素与收敛性研究［D］. 哈尔滨工业大学硕士学位论文，2020.

［274］赵细康. 环境保护与产业国际竞争力：理论与实证分析［M］. 中国社会科学出版社，2003.

［275］赵玉民，朱方明，贺立龙. 环境规制的界定、分类与演进研究［J］. 中国人口·资源与环境，2009（6）：85-90.

［276］郑易生. 环境污染转移现象对社会经济的影响［J］. 中国农村经济，2002（2）：68-75.

［277］钟茂初，李梦洁，杜威剑. 环境规制能否倒逼产业结构调整——基于中国省际面板数据的实证检验［J］. 中国人口·资源与环境，2015，25（8）：107-115.

［278］周静，杨桂山. 江苏省工业污染排放特征及其成因分析［J］. 中国环境科学，2007（2）：284-288.

［279］周静. 环境规制对产业结构调整的影响机制实证研究［D］. 辽宁大学，2015.

［280］周侃，樊杰. 中国环境污染源的区域差异及其社会经济影响因素——基于 339 个地级行政单元截面数据的实证分析［J］. 地理学报，2016（11）：1911-1925.

［281］周力，应瑞瑶．外商直接投资与工业污染［J］．中国人口·资源与环境，2009，19（2）：9.

［282］邹蔚然，钟茂初．地理区位影响工业污染排放吗？——基于空间距离视角［J］．经济与管理研究，2016，37（12）：73-81.